WALTER HESS

DIE VEREDELUNG DES PAPIERS

EIN PRAKTISCHES HANDBUCH FÜR DIE PAPIERVERARBEITUNG

UNTER MITARBEIT NAMHAFTER BERUFSPRAKTIKER

Mit 10 Textabbildungen und 12 Tafeln

TECHNISCHER VERLAG HERBERT CRAM
BERLIN 1956

Printed in Germany
Satz und Druck: Bernard & Graefe, Berlin SW 68

Inhaltsverzeichnis

Seite

Seite

Geleitwort

Wir besitzen nach den Schäden durch die Kriegseinwirkung bereits wieder einige wertvolle Neuerscheinungen der Fachliteratur über das Papier- und Druckgewerbe.

Auf Grund meiner jahrzehntelangen, in der Berufspraxis gesammelten Erfahrung konnte ich eine Reihe praktischer Handbücher für die Papierverarbeitung unter Mitarbeit namhafter Berufspraktiker herausgeben.

Mit diesem Buch setze ich die Serie von Fachbüchern fort, die sich mit der Verarbeitung des Werkstoffes Papier befassen.

Die Veredelung des Papiers war ein Thema, das mich ganz besonders ansprach, es einmal in einer Reihe fachtechnischer Abhandlungen zu erschließen. Der Niederschlag dieses Gedankens ergab den Inhalt dieses Bandes.

Das bekannteste und zugleich einfachste Mittel zur Veredelung des Papiers ist die Möglichkeit, es in Hoch- oder Flachdruck, in Buch-, Stein-, Offset- oder Tiefdruck, ein- oder mehrfarbig, zu bedrucken. Die Farbenzahl ist dabei gegenstandslos. Schon ein einfarbiger Druck bedeutet bereits eine Veredelung. Der Werkstoff Papier nimmt nicht nur durch die mechanische, sondern auch durch die manuelle Bearbeitung mittels eines Farbenauftrages in unserem Vorstellungsvermögen eine greifbare Gestalt an. Es ist gleichgültig, ob es sich um ein auf Format gebrachtes Blatt Papier in einer bestimmten Größe handelt oder ob eine Anzahl von Nutzen zu einem Bogen vereinigt sind, die dann durch einen Schneidevorgang auf Format gebracht werden, bevor sie ihren eigentlichen Bestimmungszweck dienen.

Dieses neue Buch soll als ein geistiges fachliches Rüstzeug dienen nicht nur für den bereits im Beruf tätigen und erfahrenen Fachmann, sondern auch für den Nachwuchs, der uns am Herzen liegt, um den zu werben es sich lohnt und wohl auch erforderlich sein dürfte.

Alles schon selbst zu wissen, womöglich noch besser, ist eine Utopie, eine Selbstüberschätzung, vor der wir uns hüten sollten. Aus den in jedem Fachbuch niedergelegten Erfahrungen zu lernen ist die billigste Quelle, um das eigene Wissen „aufzutanken". Ein gutes Fachbuch ist stets der billigste Mitarbeiter im Betriebe. Wer aus diesem neuen Fachbuch für die Papierverarbeitung Nutzen ziehen soll, das wird in 9 Kapiteln aufgezeigt.

Der Papierverarbeiter, sei es der *Goldschnittmacher*, der *Randstreicher*, der Hersteller von *Beileidskarten*, ihnen allen sagt der Inhalt wie sie praktisch und nutzbringend arbeiten sollen, um absatzfähige Erzeugnisse herzustellen.

Der Papierausstatter findet anregende Darstellungen aus seinem Schaffensgebiet.

Der *Kunstverleger* vertreibt die vielen Erzeugnisse der schmückenden Industrie, die bestimmt sind für die Feste der Familie und der Kirche. In diesem Fachbuch wird das Wesentliche und Wissenswerte über das große Gebiet der Papierkonfektion, der Ausstattung der Briefpapierpackungen in Schachteln und Mappen berichtet. Das alles ist aus eigener kenntnisreicher Berufspraxis beschrieben, zum Teil auch bebildert durch Wiedergabe wirkungsvoller Packungen.

Der *Praktiker* wird vertraut gemacht mit der manuellen Technik der Papierbearbeitung durch das Hand- und Schablonenkolorit, durch Auftragen der Farbe mit dem Pinsel sowie durch Aufspritzen flüssiger Farben mit dem Zerstäuber.
Das Buch bringt z. B. eine Reihe von sachkundiger Abhandlungen über Ausstattungsfragen und die Lösung künstlerischer Probleme in dieser Branche einschließlich der Wahl ihrer Beschriftung sowie über die Auswirkung künstlerischer Ideen zur wirksamen Ausstattung von Verpackungserzeugnissen bis zur verkaufsfördernden Gestaltung.

Ich hoffe, daß es mir gelungen ist, ein Buch zu schaffen, welches vor allem auch dem Nachwuchs in verständlicher Form die Vielfalt der graphischen Gebiete zeigt, die sich vornehmlich mit dem Werkstoff Papier befassen und dabei bis zu künstlerischen und ästhetischen Problemen vordringen.
Was z. B. über die Papierausstattungen und die Glückwunschkarten zusammengetragen ist, vermittelt Wissen und Anregung zugleich sowohl dem Lernenden als auch dem Fachmann.

Die Glückwunschkarten, die in zwei Abschnitten behandelt werden, lassen in Form und Farbe einschließlich Textierung das Können unserer künstlerisch begabten Schaffenden erkennen.

Der *Prägefachmann* findet in diesem Buch eine ausführliche Darstellung über das Wissenswerte der Prägepraxis seien es Blind-, Farben- oder Stahlstichprägungen, welche letzteren gegenwärtig besonders häufig Anwendung finden.
Jedem, der Interesse und Freude hat an dem farbigen Schaffen in der Papierwarenindustrie, sei er selbst ein ausübender Atelierkünstler, Graphiker, ein praktisch tätiger Fachmann oder ein Handelsvertreter in der Luxuspapierindustrie, ein Einzelhändler mit Papier- und Schreibwaren, sei er Meister oder gehöre er selbst zum heranreifenden Nachwuchs mit dem Marschallstab Merkurs in der Tasche, sie alle werden bei der Lektüre dieses inhaltsreichen Fachbuches auf ihre Kosten kommen.

Die sehr wichtige Frage der Oberflächenbehandlung durch das Prägen auf schweren Maschinen zur Herstellung von Gewebepressungen der verschiedenen

Arten sowie die Beschichtung der Papiere (Streichpapiere) wird von sachkundigen Mitarbeitern behandelt.

Über die neuzeitlichen Maschinen zur Papierveredelung durch Beschichtung schrieben maßgebende Konstrukteure aufschlußreiche Abhandlungen.

Ich wünsche dieser Neuerscheinung auf dem Gebiet der Fachliteratur einen guten Start in der Hoffnung, daß sie ebenso aufgenommen wird, wie meine bisher erschienenen Bücher, von denen ich eingangs sprach.

Es wäre angebracht, wenn auch der Nachwuchs recht viele Anregungen aus dem vielseitigen Inhalt gewinnen möchte zur Auswertung für die eigene spätere Berufsausübung.

Der Inhalt dieses Buches bringt wertvolle Anregungen für bildungsbeflissene Betriebsangehörige jeder Sparte der Papierverarbeitung.

Ich möchte bei dieser Gelegenheit noch den im Text genannten und ungenannten Herren Mitarbeitern meinen Dank aussprechen für ihre Beiträge zu diesem Fachbuch. Auch den Werkleitungen maßgebender Fachfirmen und ihren Herren Beauftragten gebührt mein Dank für ihre Bereitwilligkeit, mir mit Rat und Tat an die Hand gegangen zu sein bei der Ausarbeitung meiner Abhandlungen sowie durch Bereitstellung von Abbildungsmaterial, um einzelne Kapitel dem besseren Verständnis der Leser nahezubringen.

Berlin, im Dezember 1955 Der Verfasser

I. Kapitel

Die Veredelung der Papierzuschnitte

Der Goldschnitt

Es gibt kaum eine andere Ziertechnik für Buchschnitte, Notizblocks, Glückwunschkarten u. a., welche sich mit dem Goldschnitt messen kann. Ein Buch mit Goldschnitt sieht immer vornehm aus, und nach meiner Ansicht kann keine andere Verzierung den Goldschnitt völlig ersetzen. Ich bin selbst kein Freund der verzierten Goldschnitte, wenn diese bemalt, ziseliert oder durch ein anderes Verfahren besonders geschmückt sind. Jede weitere Verzierung beeinträchtigt den Schnitt.

Einer Gratulationskarte gibt der Goldschnitt immer ein wirksames Aussehen, sei es, daß nur die Ecken der Karten vergoldet sind oder daß der Schnitt die ganze Fläche ziert.

In Nachstehendem soll versucht werden, die Entstehung eines Goldschnittes zu erklären und eine sachkundige Anweisung zur Herstellung desselben zu geben. Wer Goldschnitte machen will, schreibe in großen Buchstaben über den Werktisch: Ordnung, Sauberkeit, Aufmerksamkeit! Auch Hingabe an die Arbeit und Geduld sind nötig.

Die für flache Schnitte nötigen Werkzeuge sind: Handpressen, Preßbengel, Preßknecht, Preßbretter, Spalten. Spalten sind schmale hölzerne Brettchen von verschiedener Länge, die nur zu Vorderschnitten bei Büchern gebraucht werden. Sie sind konisch gearbeitet und an der dünnen Längsseite abgerundet. Schabeklingen, Stahl zum Schärfen der Klingen, Schwämme, Bürste, Flachpinsel, Federkielpinsel, Goldkissen, Goldmesser, Auftragrahmen, Flor, Glättzähne. Sehr gute Dienste tut ferner eine glatte Stein- oder Marmorplatte.

Sind die Bücher beschnitten, so handelt es sich in erster Linie darum, ob sie am Vorderschnitt mit Flach- oder Hohlschnitt versehen werden. Als Hohlschnitt bezeichnet man den Schnitt, welcher angebracht wird, wenn das Buch schon rund gemacht ist, während der Flachschnitt gleich nach dem Beschneiden an das noch nicht gerundete Buch angebracht wird. Am schönsten wirkt der Hohlschnitt, wenn er eine ununterbrochene, glatte Höhlung bildet und der Glanz infolgedessen voll zur Wirkung kommt. Der Flachschnitt wird leicht dadurch verdorben, daß bei dem nachträglichen Rundmachen öfters einzelne Lagen vorspringen, was darauf zurückzuführen ist, daß das Buch nicht fest genug geheftet wurde.

Der Anfänger sollte zuerst Flachschnitte fertigen, und erst wenn er hierin genügende Übung hat, sich am Hohlschnitt versuchen, da hierzu eine längere Übung gehört.

Ob man Hohl- oder Flachschnitt fertigt, immer kommt in erster Linie das Einsetzen der Bücher, Karten usw. in die Presse. Zu diesem Zweck legt man eine Handpresse mit den Spindeln vor sich auf den Tisch, setzt zuerst ein Preßbrett ein, hierauf eine Spalte, dann ein oder mehrere Bücher. (Wie viele, richtet sich nach dem Format des Goldes.) Es gibt verschiedene Formate. Man richtet sich immer so ein, daß möglichst wenig oder kein Gold verlorengeht. Nach dem Buche oder den Büchern kommt eine Spalte und ein Brett, wieder eine Spalte und so fort, bis die Presse aufgefüllt ist. Hierauf schraubt man die Presse mit der Hand zu, richtet sie auf, um nachzusehen, ob keine Bücher vor- oder zurückstehen, und dreht dann die Presse auf beiden Seiten gleich stark und fest zu. Die Handpressen sind die bei Buchbindern allgemein üblichen. Man hat zwar in der Praxis besondere Goldschnittmacherpressen mit Stahlspindeln und Muttern, aber es genügen gewöhnliche Holzpressen, weil diese bedeutend billiger sind und gleich gute Dienste tun.

Preßbretter gebraucht man in zwei Arten, Quer- und Längsbretter, sie sind etwas größer als die zu vergoldenden Bücher. Bei Querbrettern läuft der Wuchs in der Breite des Brettes, das Gegenteil ist bei Langbrettern der Fall. In allen Fällen aber soll das oberste und unterste Brett ein Querbrett sein, da Langbretter bei festem Zupressen und da der Preßbalken doch nur auf einen Teil des Brettes drückt, leicht zerspringen. Der Preßbengel ist wohl auch allgemein bekannt. Die Spalte hat die Länge der zu verwendenden Bretter, der Wuchs muß stets in der Langrichtung laufen und die Spalte ist also nach unten zugespitzt: dies hat den Zweck, daß beim Pressen der Hauptdruck oben am Schnitte liegt. Nach dem Einpressen beginnt das Schaben. Hierzu gebrauchen wir ein Glas mit Wasser, Schwamm, Stahl und Schabklingen. Schabklingen sind aus bestem Stahl. Je nach dem anzufertigenden Schnitt wechselt die Form der Klingen. Zu Hohlschnitten verwendet man schmale, ovale Klingen, während man zu Flachschnitten die gewöhnlich im Handel vorhandenen Klingen anwendet, nur daß man sie entweder an der Lang- oder Querseite in ganz flachem Bogen abrundet.

Ganz glatt schaben ist die Grundbedingung eines guten Schnittes.

Ist der Schnitt einwandfrei geschabt und mittels der Bürste von allen Staubteilchen befreit, so erfolgt das Grundieren.

Dieses geschieht, indem auf den Schnitt mittelstarker frischer Stärkekleister aufgetragen und dieser mit sauberen weißen Papierspänen abgerieben wird, so daß die ganze Fläche damit bedeckt wird und der Kleister überall hinkommt.

Mit frischen trockenen Spänen polieren wir alsdann den Schnitt, bis er einen gleichmäßigen matten Glanz zeigt. Auf diesen ersten Grund folgt ein dünner Strich roter Bolus. Die nötige Lösung stellen wir her, indem wir auf ein Stück Bolus, welches wir zum schnelleren Lösen vorher zerdrücken können, von dem unten näher zu beschreibenden Schnitteiweiß gießen. Die Qualität des Bolus darf nur die beste sein und darf keine festen Bestandteile wie Sand oder sonstige Unreinheiten enthalten. Er muß eine zarte, sehr fein zerteilte Lösung ergeben, welche, zwischen die Fingerspitzen genommen und zerrieben, sich schleimig anfühlt. Der armenische Bolus gilt allgemein als der beste, zerteilt sich leicht, und wenn wir in trockenem Zustande mit dem Fingernagel darüberpolieren, so nimmt er leicht Glanz an. Die erhaltene Lösung darf nicht zu dick sein und muß etwa die gleiche Konsistenz wie mittelstarker warmer Leim haben.

Mit einem feinen Schwämmchen auf den Schnitt aufgetragen, muß die Lösung leicht, gleichmäßig und durchscheinend decken. Man hüte sich vor allen Dingen, die Schicht zu stark aufzutragen. Sie würde beim späteren Abglätten unbedingt abspringen und den Schnitt verderben. Ist die Grundierung erfolgt, so stellen wir die Presse zur Seite, bis der Schnitt trocken ist.

Wir schreiten nun zum Auftragen. Auch das muß aufmerksam, sauber und schnell erfolgen, um dem Schnitt seine ganze Schönheit zu geben. Ein Schnitt, auf welchem das Gold in Stücken und zerfetzt aufgetragen ist, wird niemals schön. Das zum Auftragen nötige Eiweiß haben wir vorher zubereitet, indem wir auf ein halbes Liter reines Wasser ein Eiweiß gegeben haben, aus dem vorher der sogenannte Hahnentritt entfernt ist, quirlen es zu Schaum und lassen es über Nacht ruhig stehen. Vor dem Gebrauch muß das Eiweiß durch Filtrierpapier oder ein Stück Leinen filtriert werden. Viele Anfänger glauben, wenn ihnen die ersten Schnitte nicht gelingen, liege dieses daran, daß das verwandte Eiweiß zu dünn sei und infolgedessen das Gold nicht fest genug hafte, aber meistens wird eher das Gegenteil der Fall sein und zu dickes Eiweiß angewandt worden sein. Das ergibt unreine Schnitte und klebt außerdem die Blätter des Buches zusammen. Will man dann am fertigen Buche die Blätter gewaltsam trennen, so sieht der Schnitt häßlich und runzlig aus. Wenn also das Gold nicht hält, so versuche man den neuen Schnitt eher mit dünnerem Eiweiß; der Anfänger wird von dem Ergebnis manchmal überrascht sein, wenn das Abspringen nicht an anderen Ursachen, z. B. schlechtem Schaben oder ungleichmäßiger Grundierung liegt.

Um das Auftragen zu erleichtern, stellen wir uns einen Auftragrahmen und einen Flor her.

Der Auftragrahmen besteht aus einem Rahmen aus hartem Holz von etwa 25 cm Länge, 15 cm Breite und 2 cm Dicke. Auf jeder kurzen Seite sind zwei Klötzchen von etwa 5 cm Höhe, welche unten zugespitzt sind, verschiebbar angebracht. Die Spitzen dieser Klötzchen tragen je einen Nagel, und je zwei der Klötzchen, welche sich gegenüberstehen, sind durch ein Pferdehaar oder starken Zwirn verbunden. Dadurch haben wir zwei parallele Fäden, welche wir durch Verschieben der Klötzchen einander nähern oder entfernen können. Nachdem das Gold fertig zugeschnitten ist, streichen wir die Fäden über das Kopfhaar.

Den Florrahmen stellen wir her, indem wir in starker Pappe ein Loch von etwa 13 × 14 cm rechtwinklig und sauber ausschneiden, über dieses Loch spannen wir recht gleichmäßig und straff ein feinstes Stück Seidenflor und kleben auf die Ränder starkes Papier.

Jetzt haben wir alles, was zum Auftragen notwendig ist, vorbereitet. Die Presse legen wir mit den Spindeln auf den Tisch und setzen den Preßknecht darunter, Den etwa 4—5 cm breiten flachen Eiweißpinsel legen wir auf das Eiweißglas, das immer mit einem Stück Papier bedeckt sein soll, damit kein Staub hineinfällt, die Bürste nahe bei der Hand, das Goldkissen rechts. Zuerst schneiden wir das Gold in der nötigen Breite und Länge und nehmen es mit dem Auftragrahmen auf, indem wir die Fäden so weit voneinanderstellen, daß sie gerade die Ränder des Goldes fassen. Haben wir das Gold aufgenommen, so nähern wir die Fäden für Flachschnitt nur sehr wenig für Hohlschnitt, dagegen müssen wir dieselben so nahe zusammenbringen, daß das Gold in einem Bogen hängt, welchen wir bequem in die Rinne bringen können. Für Flachschnitt bedienen wir uns vorzugsweise des Flors. Um das Gold mit demselben aufzunehmen, legen wir den Flor an dem uns zugekehrten Rande des Goldes schmal an, ziehen dann das Blatt vorsichtig zu uns heran und in demselben Augenblick, wo das Goldblatt das Goldkissen verläßt, geben wir einen kräftigen Druck nach unten (der dadurch entstehende Luftdruck legt das Gold an den Flor) und beschreiben hierauf eine halbe Drehung, wodurch wir das Gold nach oben auf den Flor zu liegen bekommen. Abgebürstet haben wir den Schnitt vorher schon, um alle vorhandenen Staubteilchen zu entfernen. Wir nehmen nun den Eiweißpinsel und tragen das Eiweiß recht satt auf den Schnitt, vorerst nur so weit oder vielmehr ein wenig mehr, als die Fläche durch das Goldblatt abgedeckt wird. Hierauf halten wir das Gold in geringer Entfernung über den Schnitt, blasen auf das Blatt, und es wird glatt und schön aufgetragen sein, wenn man alles richtig gemacht hat. In derselben Art fahren wir fort bis zum Ende des Schnittes. Ist alles Gold aufgetragen, so lassen wir durch Hin- und Herwiegen der Presse das Eiweiß unter dem Golde hin- und herlaufen, damit es sich überall gut und dicht ohne Luftblasen anlegt. Sollte zu wenig Eiweiß auf dem Schnitte sein, so kann man dem nachhelfen, indem man den Eiweißpinsel vorsichtig auf der Spalte neben dem Gold ansetzt; das Eiweiß wird alsdann nicht auf, sondern unter das Blatt laufen. Zum Schluß stellen wir die Presse auf eine Ecke, um alles überflüssige Eiweiß ablaufen zu lassen. Übung macht natürlich auch hier den Meister.

Jetzt lassen wir den Schnitt zum Trocknen stehen; nach einiger Zeit, etwa ¼ Stunde oder 20 Minuten, sehen wir einmal nach, ob das Eiweiß auch gleichmäßig abgelaufen ist. Sollten die Spalten durch das Schaben rauh geworden sein, so streichen wir vorsichtig mit dem Finger das zwischen den Holzfasern haftende Eiweiß heraus, um gleichmäßiges Trocknen zu erzielen, ohne jedoch den Rand des Schnittes selbst zu berühren, denn dadurch würden Flecke entstehen, welche nicht oder nur sehr schwer zu entfernen sind. Bei den später aufzutragenden Ober- und Unterschnitten muß man Obacht geben, daß nicht etwa Eiweiß an dem schon fertigen Vorderschnitt herunterläuft. Zu dem Zwecke legt man die Presse so, daß sie sich nach dem Rücken zu neigt.

Nach dem Trocknen wird der Schnitt mit dem Glättzahn geglättet; das erste Glätten nennt man Anglätten. Es herrscht zwar hier und da die Ansicht, daß man nach dem Anglätten den Schnitt unbegrenzte Zeit stehenlassen könne, ohne ihn fertig zu glätten. Die Erfahrung in der Praxis hat jedoch gelehrt, daß der Schnitt viel wirksamer wird, wenn der geeignete Augenblick zum Glätten wahrgenommen wird und der Schnitt noch einen ganz geringen Grad von Feuchtigkeit aufweist. Durch kein anderes Mittel kann man einen so hohen Glanz erzielen. Der Schnitt darf nur noch einen Hauch Feuchtigkeit haben, der kaum zu erkennen ist. Die Erfahrung muß dabei den Goldschnittmacher unterstützen. Die zum Glätten nötigen Werkzeuge sind Glättzähne (gebogene und gerade), ein weicher Leinenlappen, gutes, reines, gelbes Bienenwachs und ein Stück festes weißes Papier. Glauben wir nun, daß der Schnitt genügend trocken ist, was je nach der Jahreszeit und der Luftfeuchtigkeit zeitlich von unterschiedlicher Dauer ist, so versehen wir das Papier mit Wachs, indem wir einige Male mit dem Wachs darüberstreichen, damit der Glättzahn leichter darübergleitet. Dann legen wir das Papier auf den Schnitt und fahren mit dem breiten Glättzahn zuerst unter mäßigem Druck darüber hin und her, aber Strich an Strich und bis dicht an die Bretter und nicht gerade, sondern etwas schräg. Jedes sprungweise Vorgehen muß vermieden werden, damit jede Stelle getroffen wird. Einen Hohlschnitt glättet man an, indem man die Presse schräg zum Tisch, also den Preßknecht möglichst nach vorn neigt, damit die Presse die schräge Stellung erhält. Dadurch wird das Glätten bequemer, und man kommt besser über die Mitte hinüber. Man muß nämlich stets etwas über die Mitte hinausfahren, um später keine ungleich geglätteten Stellen zu haben. Hat man eine Seite geglättet, so dreht man die Presse um, um mit der anderen Seite ebenso zu verfahren. Ist der Schnitt geglättet, so versehen wir den Leinenlappen mit Wachs und reiben den Schnitt damit ab. Es muß geprüft werden, ob nicht etwa Löcher im Golde sind und ob es überall deckt, um etwa vorhandene Fehler auszubessern, ehe der Schnitt fertig geglättet wird. Sind solche Stellen vorhanden, so leistet ein kleines Fläschchen mit Schwefeläther und reinem Alkohol gute Dienste. Zuerst schneiden wir das nötige Gold zu, dann nehmen wir ein feines Kielpinselchen und bestreichen die auszubessernde Stelle mit Schwefeläther, um das Wachs zu neutralisieren. Hierauf nehmen wir das nötige Gold mit dem Zeigefinger der linken Hand auf, mit der rechten an einem kleinen Pinselchen etwas Alkohol, betupfen die betreffende Stelle damit, legen gleich hinterher das Gold auf die Stelle und glätten es sogleich an. Dieses Verfahren ist dem Daraufhauchen entschieden vorzuziehen, da das Ergebnis sicherer ist und man auch niemals sogenanntes Doppelgold hat, was am fertigen Schnitt sehr schlecht aussieht. Ist alles in Ordnung, so lassen wir den Schnitt stehen.

Das Auf-Glanzglätten, das Fertigglätten, gleicht in allen Punkten dem Anglätten, mit dem einzigen Unterschied, daß wir kein Papier mehr auf den Schnitt legen, sondern direkt auf das Gold glätten. Wir legen die Presse vor uns mit den Spindeln auf den Tisch, stellen den Preßknecht darunter und reiben den Schnitt nochmals mit dem Wachslappen ab.

Mit dem Wachs soll man sehr sparsam sein, nicht mehr geben, als nötig ist; nichts ist unschöner als Wachslinien am fertigen Schnitt. Wir fassen den Glättzahn mit beiden Händen unten an, der obere Knopf muß an die Achsel gestemmt werden, und nun fahren wir gleichmäßig, Strich an Strich und stets schräg über den Schnitt und stets von einer Spalte zur anderen. Namentlich der Anfänger muß sich von vornherein angewöhnen, schräg über den Schnitt zu fahren, denn fährt er in gerader Richtung darüber, so bleibt er leicht zwischen den Blättern des Buches hängen. Auch verdrückt man den Schnitt viel leichter, und der Schnitt hat nach dem Auspressen eine Wulst. Wenn wir zuerst nur schwach gedrückt haben, so verstärken wir allmählich den Druck, von Zeit zu Zeit etwas Wachs gebend, bis wir den höchstmöglichen Glanz erzielt haben. Dann lösen wir die Spindeln um eine halbe Umdrehung, glätten nochmals darüber, um die Blätter des Buches voneinander zu trennen, schließen die Presse fest und geben nun den letzten Glanz.

Schräg- und Zierschnitte an Karten

Es ist wohl anzunehmen, daß die schräge Fläche des Goldschnittes eines aufgeklappen Buches, welches auf Hohlschnitt vergoldet ist, die Idee zum Schrägschnitt gegeben hat. Der Schrägschnitt an starken Papierblättern in Metall, Farbe und blind (worunter die Naturfarbe des Papiers zu verstehen ist) hat z. Zt. in der Luxuskartenfabrikation eine völlige Neugestaltung der Erzeugnisse hervorgerufen. Lange Zeit wurde der Schrägschnitt in Gold resp. für Gelegenheitskarten in Silber ausgeführt. Eine Abwechlung boten die Zierschnitte, bei denen durch Ausstechen und Ausschaben der glatten Fläche Rillen oder Schweifungen entstanden. Die Vertiefungen legte man entweder mit Metall aus oder färbte sie ein. Es wurden auf diese Weise die mannigfaltigsten Wirkungen erzielt. Es kam dann wieder eine Zeit, wo der Goldschnitt verbannt war und durch verschnörkelte Ränder, gestanzt oder geprägt, ersetzt wurde. Den weitestgehenden Gebrauch von allen nur möglichen Schnitt-, überhaupt Randverzierungen hat sich die Papierausstattung zu eigen gemacht. Die Herstellung der Schrägschnitte unterscheidet sich von derjenigen der Buchschnitte doch wesentlich.

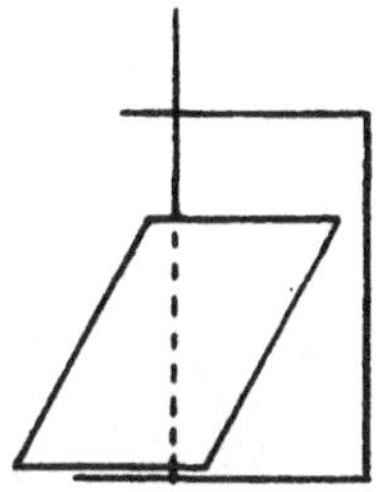

Abb. 1. Große Karten

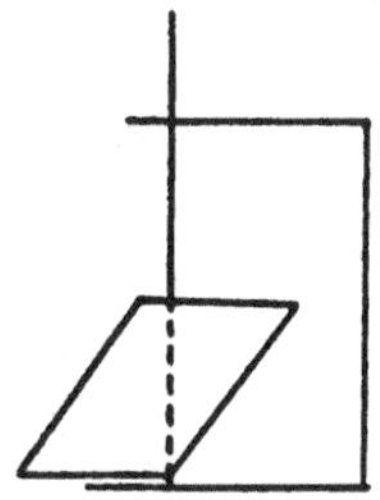

Abb. 2. Kleine Karten

Der Buch-Goldschnittmacher ist nicht ohne weiteres befähigt, einen guten Schrägschnitt anzufertigen. Schon die Werkzeuge müssen geändert werden. Die Presse für den Schrägschnitt ist die Schraubzwinge, das bekannte Tischlerwerkzeug, nur daß der obere Balken mit der Führung der Schraube gegen den unteren etwas zurücktritt. Einen großen Vorteil bieten die auf der Kreisschere geschnittenen Karten, weil sie ohne Grat sind. Werden diese auf der Schneidemaschine geschnitten, so ist darauf zu achten, daß beim Einsetzen des Kartenstoßes der Grat nach oben liegt. Die Höhe des einzusetzenden Kartenstoßes richtet sich nach der Größe der Karten. Je größer die Karten sind, desto höher wird der Stoß sein oder umgekehrt. Sind große Karten zu arbeiten, so schiebt man handliche Stöße in die nötige Schrägung; unten und oben werden Bretter gelegt und auf diese Weise in die Presse gesetzt. Um das Ausspringen des Kartenstoßes aus der Presse zu verhindern, ist in das untere Ende der Schraube ein spitzer Eisenstift einzubringen, welcher sich beim Anpressen in das Brett drückt. Die unteren Karten des Stoßes haben meist nicht genügenden Druck. Es wird deshalb zwischen dem unteren Brett und dem Kartenstoß eine keilartige Holzleiste im Querschnitt, die breite Seite nach vorne, eingeschoben, wodurch sich die Karten besser anschmiegen. Kleinere Karten müssen durch Aufstoßen auf eine gerade Stein- oder Eisenplatte in die richtige Schrägung gebracht werden. Diese eingesetzten Stöße müssen nun geschabt werden, und zu diesem Zweck wird die Presse samt dem Kartenstoß in eine zweite Presse geklemmt, welche auf dem Tisch befestigt ist. Vor dem Schaben ist der Kartenstoß zu feuchten und dann mit der Ziehklinge quer zum Papier in entgegengesetzter Richtung wie beim Buchschnitt stets nach unten zu streichen. Sollen runde Ecken an die Karten angebracht werden, dann schabt man diese rund. Ist die Fläche glattgeschabt, so wird mit der Handfläche Stärkekleister, dem etwas Bolus zugesetzt ist, auf diese verrieben, dabei stets nach unten streichend. Für das Auftragen des Goldes oder Metalles nimmt man Wasser, ebenso wie beim Buchschnitt mit dem gespannten Flor. Das Wasser ist reichlich aufzutragen. Die Kleisterschicht muß vollständig getrocknet sein. Das Glätten des aufgetragenen Goldes oder Metalles

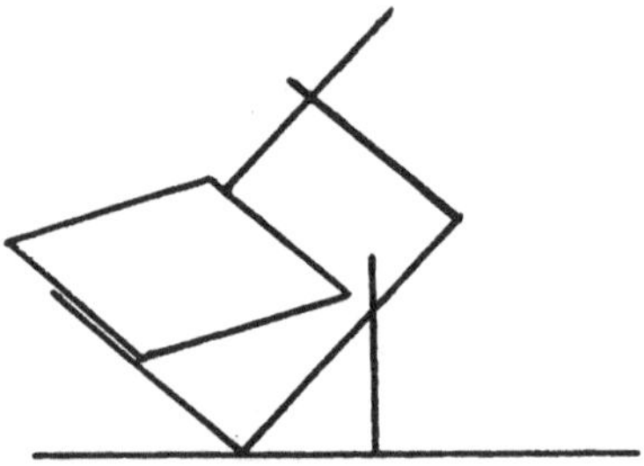

Abb. 3. Stellung der Presse zum Schaben

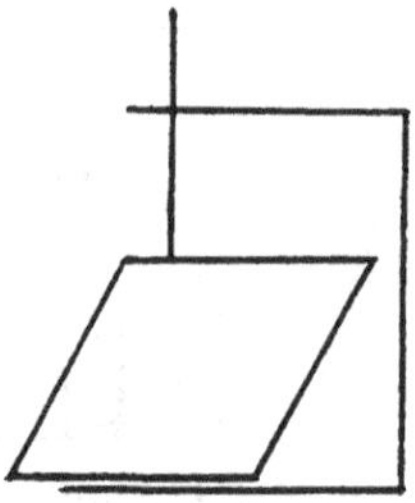

Abb. 4. Kartenstoß mit eingelegtem Keil

erfordert dieselben Beachtungen wie beim Buchschnitt. Soll ein Zierschnitt hergestellt werden, dann ist der eingesetzte Stoß nach dem Schaben umzudrehen und unter Benutzung scharfer Hohleisen an entsprechenden Stellen auf der Fläche entlang auszustoßen. Da beim Auftragen das Gold über die Vertiefungen reißt, sind diese doppelt zu belegen. Die Rillen und sonstigen Vertiefungen glättet man mit dem spitzen Glättzahn. Der beliebte *Perlschnitt* wird in der Weise hergestellt, daß die fertigen Schrägschnittkarten in umgekehrter Weise ausgeschoben und eingesetzt werden. Mit einem Metallkamm fährt man auf der Fläche herunter, und jede Zinke läßt eine Perle entstehen. Wird der fertige Kartenstoß aus der Presse herausgenommen, dann darf er nicht etwa gleich geradegestoßen werden, sondern ist in kleinen Stößen noch weiter auszuschieben, da sonst das Gold abreißen würde.

Der an den Glückwunschkarten angebrachte Gold- oder Silberschnitt, hat die fachliche Bezeichnung „Schrägschnitt", nicht „Perlschnitt". Nicht alle diese Schrägschnitte haben diese Eindrücke an den Kanten, mithin wäre es auch falsch, wenn man diese Eindrücke mit einem solchen Namen versehen würde.

Nun zur Technik dieser Schnitte selbst:

Je nach Stärke der Kartons werden diese in Stößen von 15—20 cm Höhe aufgefächert, in eine Handpresse gesetzt und solange mit der Schabklinge bearbeitet, bis der Karton die erforderliche Schräge erhalten hat. Die Grundiermittel sind an sich dieselben wie bei normalen Goldschnitten, Eiweiß und Kleister. Da die Verwendung von Echtgold eine zu kostspielige ist, wird hierzu fast ausschließlich das sogenannte Schlagmetall verarbeitet. (Rohstoff: Messing und Kupfer). Das Auftragen des Metalles, das Glätten mit dem Glättzahn ist dieselbe Technik wie beim Goldschnittmachen an Büchern. Will man den Reiz des Schnittes erhöhen, wird mit der Kante des Glättzahnes, unter festem Druck, über den Schnitt gefahren, so daß am fertigen Schrägschnitt die perlenartigen Eindrücke zu sehen sind.

In der Luxuskartenindustrie spielt die Herstellungskostenfrage eine ausschlaggebende Rolle. Die Eigenart der Erzeugnisse bedingt es, daß diese möglichst billig hergestellt werden, um konkurrenzfähig zu sein, denn das Angebot ist recht groß.

Es ist daher verständlich, daß man versucht, die Kosten für nachträglich, z. B. an Gratulationskarten, angebrachte Zierschnitte auszuschalten, indem man bei der Plattenherstellung, insbesondere der Schneideplatte, der Phantasie entsprungene Formen für die Randformung gleich mitarbeitet, so daß nach erfolgtem Schneideprozeß von der Platte diese gleich ihre endgültige Form erhält (bogenförmig, zackig, gerissen, d. h. büttenähnlich).

Es lag nahe, die zeitraubende manuelle Bearbeitung durch maschinelle Hilfe nach Möglichkeit auszuschalten, durch die rationelle Herstellung beispielsweise büttenähnlicher Papiere und Karten auf rotierender Basis.

Eine solche Papierrand-Bearbeitungsmaschine ist bereits am Markt und wird nachstehend beschrieben.

Die Maschine*) wurde gebaut, um büttenähnliche Papierränder, Ornamentränder usw. herzustellen. Sie wird überall da Verwendung finden, wo bei Papier oder Karton eine besondere Bearbeitung des Papierrandes erforderlich ist.

Bei der Konstruktion der Maschine wurde besonderer Wert auf einfache Wartung und Bedienung gelegt. Es können Papier- oder Kartonbogen bis 78 cm Arbeitsbreite auf dieser Maschine bearbeitet werden. Diese Bogen werden in Durchlaufrichtung von den vorher eingestellten Wellen und Rollen erfaßt, und zwar an den Stellen, an denen später die Trennung des Bogens auf die gewünschten Formate erfolgen soll. Sodann wird der Bogen ein zweitesmal in der anderen Richtung durch die Maschine geschickt, wodurch alle vier Ränder der gewünschten Papierausstattung fertig vorbereitet werden. Die Bogen sind nun leicht mit der Hand zu trennen (bei nicht zu starkem Papier können mehrere Bogen gleichzeitig getrennt werden) und man hat die entsprechend dem eingestellten Format mögliche Anzahl von fertigen Bogen oder Karten zur Verfügung.

Ein weiterer Vorteil dürfte darin liegen, daß die Maschine auch auf Wunsch mit Ritz- oder Rillvorrichtungen versehen werden kann, um z. B. die für Glückwunschkarten zum Teil erforderlichen Rillungen oder Ritzungen gleichzeitig mit der Papierrandbearbeitung vornehmen zu können.

---

*) Nach einer Angabe des Herstellers der Papierrand-Bearbeitungsmaschine, Maschinenbau Zander GmbH, Düren/Rhld.

Der äußere Rahmen der Maschine ist eine elektrisch geschweißte Stahlkonstruktion. Er ist bedeutend leichter als Gußeisen und vollkommen starr und bruchsicher. Alle rotierenden Teile laufen in Kugellagern, wodurch der Verschleiß sehr gering ist. Die blanken Teile der Maschine sind vernickelt und daher vollkommen korrosionsgeschützt. Durch die klare und übersichtliche Konstruktion der Maschine ist eine unkomplizierte Wartung gewährleistet.

Das Randstreichen

I.

Neben dem vergoldeten Rand an Karten und Briefpapieren nimmt der gestrichene Rand eine besondere Stellung in der Ausschmückung von Papieren ein. Vier wichtige Punkte sind bei Beurteilung eines tadellosen Randes zu beachten: Gleichmäßigkeit des Randes, scharfer Abschluß, saubere Rückseite und Lichtbeständigkeit der farbigen Ränder. Außer richtig gewähltem Material ist auch eine große Übung in der Ausübung der Randstreichung erforderlich.

Sämtliche Farben müssen sehr fein zermahlen sein und mit einem runden, weichen Borstenpinsel von guter Beschaffenheit, der auf 3 cm gebunden ist, gestrichen werden. Trauerfarben werden häufig auch mit einem Schwamm gestrichen. Die lichten, modernen Farben, wie Flieder, Creme, Rosa, Seegrün u. a., haben als Grundfarbe Weiß (Schneeweiß, Kremserweiß), welche mit Wasser und geklärtem Eiweiß als Bindemittel zu einem flüssigen Brei verrieben werden. Damit erzielen wir die gewünschten Färbungen. Mit Vorliebe benutzt man hierzu die lichtechten Anilinfarben. Dunkle Farben, sowie Bronzen werden mit Weiß angerieben. Sollen die Ränder Glanz haben, dann werden sie nach dem Streichen mit farblosem Terpentinlack überzogen; allerdings wird dadurch der Farbton etwas dunkler. Vor dem Lackieren muß der Farbstrich vollständig trocken sein. Die Streicharbeit beginnt, nachdem alles wohlvorbereitet ist. Die Karten, Briefbogen oder Hüllen werden ausgeschoben in der Weise, daß man möglichst zwei Seiten mit einem Male streicht. Die ausgestrichenen Stöße sind nicht zu lang zu nehmen. Hierbei beachte man das Format. Sind die Ränder schmal, genügt das Augenmaß; breite Ränder müssen einzeln, Rand für Rand, mit einem Streifen gemessen werden.

Auf den zu streichenden Stoß legt man ein Schutzblatt. Das Streichen soll strahlenförmig erfolgen, man sättige den Pinsel mit nicht zu viel Farbe. Bei gewissen Farben empfiehlt sich ein mehrmaliger Aufstrich. Ist die aufgetragene Farbe getrocknet, dann müssen die ausgeschobenen Blätter zunächst in dieser Lage bis zum Geradestoßen verbleiben.

II.

Über die Möglichkeit, Kartenränder (Schrägschnitte) mit Farbe zu versehen, mögen noch die nachstehenden Erläuterungen den gewünschten Aufschluß geben. Bei Bedarf kleiner Mengen von Karten, deren Ränder bzw. Kanten einen farbigen oder Schrägschnitt erhalten sollen, kann das Aufbringen und die Färbung desselben wie folgt vor sich gehen.

Handelt es sich beispielsweise um weiß zu färbende Ränder, so eignet sich hierzu am besten das feinste echte Kremserweiß (Bleiweiß), weil es sich sehr leicht zu einem feinen mehligen Pulver zerdrücken läßt und in dieser Beschaffenheit innig mit jedem Mischmittel, wie Leimwasser, Gummilösung, Firnis oder Eiweiß, verbinden läßt.

Für Schrägschnitte an Kartonrändern ist ausschließlich das Eiweiß brauchbar. Es muß vorerst gründlich mit einem Holzlöffel in einem Porzellangeschirr zu Schaum geschlagen werden, worauf es mehrere Stunden stehenbleiben muß, bis es sich völlig geklärt hat. Mit dieser Flüssigkeit wird das Kremserweiß oder auch die anderen bunten Farben vermischt.

Das Schaumschlagen des Eiweißes soll niemals mit einem metallenen Löffel erfolgen, womöglich noch in einem Metallbehälter, weil es sich durch Berührung mit Metall leicht zersetzt, was für seine Verarbeitung von Nachteil ist.

Die Farbe selbst wird, wie erwähnt, vorher aufs feinste, d. h. trocken, zermahlen, so daß keine Körnchen darin enthalten sind, wonach man sie mit dem geklärten Eiweiß bis zur sahnenartigen Konsistenz vermischt; dann arbeitet man sie mit einem sauberen Spachtel gründlich durch, worauf sie zum Bestreichen der Ränder brauchbar erscheint.

Die abgeschrägten Kartonränder werden vorher mit feinstem Sandpapier gut abgerieben, sauber abgestaubt und mit gesättigter Alaunlösung nicht zu übermäßig bestrichen. Ist dieser Anstrich trocken, dann wird die Eiweißfarbe zuerst einmal und nur ganz mager aufgetragen, d. h. vorgrundiert. Nach vollkommener Trocknung erfolgt der eigentlich satte Anstrich, der erst die volle Deckung der Ränder ergeben soll.

Nur auf diese Weise erhält man einen guten gleichmäßigen Farbschnitt, der nach dem völligen Trocknen mit dem Falzbein oder einem anderen Glättwerkzeug nachpoliert wird. Ein Abspringen der Farben findet nicht statt, denn sie sind dauerhaft mit den Rändern verbunden.

Statt Kremserweiß können auch andere bunte Körperfarben, allerdings von bester Beschaffenheit, benutzt werden. Die aus den Drogerien oder Farbwarenhandlungen erhältlichen Farbenpulver soll man indessen mit Vorsicht gebrauchen. Schon die Billigkeit dieser Farben läßt sie für diese Zwecke ungeeignet erscheinen. Es gibt hierunter eine ganze Menge, die sich im Tageslicht verfärben. Sie sind nicht lichtecht genug. Es eignen sich dagegen die trockenen, bunten Druckfarben sehr gut, da sie keine sandigen Beimischungen haben, was bei den aus den Drogerien oder anderen Quellen bezogenen gewöhnlichen Farben fast immer der Fall ist.

Auch die aus den großen Malfarbenfabriken beziehbaren „trockenen Farben" sind vorzüglich geeignet, wenn bei der Bestellung gleich der Zweck mitgeteilt und nur absolut lichtechte und vollkommen deckende Farben verlangt werden. Man erhält schon ein ganz kleines Quantum (50 bis 100 g) ohne wesentliche Geldausgabe.

Durch Vermischung dieser Farben unter sich, z. B. von Hellgelb mit Pariserblau oder Preußischblau, erhält man, je nachdem von der einen oder anderen Farbe mehr genommen wird, ein schönes Grün. Oder von Krapplack ein Violett, von Krapplack mit Hellgelb ein feuriges Orange, von Krapplack, Blau und Gelb ein tiefes Braun. Werden diese Farben mit Kremserweiß versetzt, dann können sie dadurch nach Bedarf aufgehellt werden.

Um das Farbenpulver recht fein, d. h. mehlartig, zermahlen zu können, wird eine Glasplatte benutzt, auf welcher das Pulverisieren vorgenommen wird. Ferner wird ein sehr starkes, becherartiges Trinkglas mit einem kräftigen Fuß gebraucht, womit die Farbenstücke leichter gedrückt werden können. Man beachte aber, daß keine Körnchen zurückbleiben, weil sich diese beim späteren Glätten der Ränder entweder tief eindrücken oder abspringen. Sie lassen unschöne Vertiefungen im Farbschnitt zurück.

Für Buntschnitte dieser Art verwendet man auch die wasserlöslichen Anilinfarben in den üblichen Wasserfarben. Sie halten diese fest und sicher auf den Rändern, ohne daß sie die erwähnte Vorpräparierung mit Alaunlösung nötig machen.

Verwendung finden ferner die sogenannten Holzbeizfarben, allerdings sind unter diesen nicht lichtbeständige Sorten, weil zu deren Erzeugung Anilinfarbstoffe verwendet werden.

Diese Beizfarben löst man einfach in etwas mäßig erwärmten Wasser auf und trägt sie nachher gleich auf den Schrägschnitt auf. Wenn der Anstrich trocken ist, wird er mit verdünnter Formalinlösung überstrichen, wodurch er gegen die Einwirkung von Feuchtigkeit widerstandsfähig gemacht wird.

Besonders schwierig gestaltet sich die Herstellung der Trauerränder, insbesondere die Zusammensetzung bzw. Beschaffenheit der schwarzen Farbe. Sie soll tiefschwarz sein, nicht nachlassen und nicht grau werden. Am einfachsten, und das ist zugleich das einzig richtige Rezept, ist die Verwendung von Kienruß als Randstreichfarbe für Trauerränder oder Ruß mit Schellacklösung angerührt.

Wo es sich um besonders große Posten handelt, empfiehlt sich die Benützung einer Maschine zur Herstellung von Trauerrändern auf Briefbogen, Umschlägen, Karten usw. mit 1 bis 2,8 mm Randbreite.

Die Länge der Maschine ist 120 cm, die Breite 62 cm, die Höhe 105 cm. Die genaue, sorgfältige Ausführung der Maschine ermöglicht eine gleichmäßige Transportierung und sicheres Anlegen, wodurch die Fertigstellung der Ränder so genau wird, wie sie der geübteste Arbeiter durch Handarbeit nicht erzielt.

Die Herstellung von Trauerkarten

Eine sehr schwierige Arbeit ist das Bedrucken von Karten, Bogen, Briefhüllen mit Trauerrändern. Wenn die Höhe der Herstellungsmenge sowie die technische Einrichtung des Betriebes es gestatten, wird der Steindruck die beste und zugleich billigste Lösung der Herstellungsfrage sein. Wie aber verhält es sich nun mit dem Buckdruck?

Natürlich kann man schwarze Ränder auch in diesem Verfahren ebenso wirkungsvoll wie im Steindruck herstellen. Beim Steindruck wird Schwarz mit Doppelgang gedruckt (d. h. für die Kalkulation 1½ Farben). Bei dem Buchdruck auf der Tiegeldruckpresse muß die schwarze Farbe ebenfalls zweimal gedruckt werden, um die Fläche voll zu decken und einen tiefschwarzen Aufstrich zu erzielen. Es ist sehr zu empfehlen, die Farbe gut trocknen zu lassen, ehe an eine weitere Verarbeitung gedacht wird. Das Trocknen der schwarzen Farbe dauert recht lange.

Das Schneiden schwarzer Ränder, sofern sie im Steindruck- oder Buchdruckverfahren, wie üblich, stets in einem oder mehreren Nutzen zusammenhängend hergestellt wurden, erfolgt wohl ausnahmslos auf der Rollschere, wenn nicht gar von Hand unter Benutzung von Lineal und Messer, um einen glatten Schnitt zu erzielen und um das Nachschneiden von weißen Außenrändern von Hand oder mit der Kartonschere zu vermeiden, da beides mit Mehrkosten verknüpft ist. Werden mehrere Lagen übereinander auf der Schneidemaschine geschnitten oder werden die Karten unmittelbar nach dem Zerkleinern übereinandergeschichtet, so versichere man sich vorher, ob die schwarze Farbe auch völlig getrocknet ist und nicht mehr abzieht. Man drücke ein Stück weißes Papier mit dem Finger auf die gedruckte Fläche und bewege es auf dieser unter stetem Andrücken hin und her. Die Papieroberfläche wird alsdann den Grad der Trocknung erkennen lassen.

In zweifelhaften Fällen, und das wird am meisten zu empfehlen sein, um ein Verschmutzen der Karten durch Abziehen der Farbe zu vermeiden, sei empfohlen, vor dem Einpressen bzw. Zusammenlegen mehrerer Lagen Seiden- oder gewöhnliches weißes, möglichst satiniertes Zwischenlegepapier zu verwenden;

rauhes oder stark holzhaltiges Papier ist wegen der Empfindlichkeit für die frisch gedruckte schwarze Farbe nicht geeignet.

Das Abreiben frischer Ränder mit Talkum- oder Magnesiumpulver beeinträchtigt in jedem Falle die Wirkung der Farbschicht, die durch das Talkumieren einen ins Graue gehenden Ton erhält.

Bei Steindruckrandkarten empfiehlt es sich, zuerst den Text und dann die Ränder zu drucken. Ein Zusammendruck beider ist nicht zu empfehlen, abgesehen davon, daß durch zweimaligen Druck die zarten Gravurschriften breitgequetscht und dadurch schmierig aussehen würden (sie würden wahrscheinlich dublieren).

Es werden daher auch vielfach, sofern nicht das Prägeverfahren, wie z. B. Monogrammprägung, für das Aufbringen der Texte Anwendung finden soll, Randkarten in Steindruck nachträglich auf der Buchdruckpresse am zweckmäßigsten unter Benutzung von Galvanos mit entsprechenden Texten versehen.

II. Kapitel

Die manuellen künstlerischen Techniken

Das Kolorit als Ausstattungstechnik

Wir müssen uns darüber klar sein, daß jene Erzeugnisse auf dem Weltmarkt bevorzugt werden, die eine reiche, farblich ansprechende Ausstattung aufweisen. Für die Absatzmöglichkeit ist neben der Form die Ausstattung bestimmend. Durch Verwendung von Schneideplatten oder Stanzmessern können eigenartige Wirkungen erzielt werden, während die allbekannte viereckige glatte Form zuweilen langweilig wirkt, wenn sie nicht in origineller Weise zu neuen eigenartigen Flächen abgewandelt wird. Da muß dann eine zweckdienliche Farbenstimmung als Ausgleich sorgen.

Nichts wirkt abstoßender als kalte, leblose Dessins, wie wir sie früher in der Form von Allegorien fanden.

Die kunstvollen Wirkungen, die wir oftmals auf den in dieser Technik ausgestatteten Erzeugnissen bewundern konnten, sind auf die Geschicklichkeit und den Geschmack derjenigen Personen zurückzuführen, die verantwortlich für die Auswahl der Farben zeichnen.

Gratulationskarten, unter denen vornehmlich die Gelegenheitskarten zu nennen sind, Tischkarten, Menüs, Werbedrucksachen, insbesondere für die Modehäuser, das sind einige Erzeugnisse, für deren Ausstattung das Kolorit die geeignete Technik ist.

Durch Gutenbergs Erfindung des Setzens und Druckens besitzen wir nicht nur schwarze, sondern sehr ansprechende farbige Druckerzeugnisse. Bei zwei bis drei Farben wird die Klischeeverwendung im Hochdruck genügen, um entsprechende Bild- und Farbwirkungen zu erzielen.

Wo jedoch das Original die Wiedergabe in sehr vielen Farben verlangt, dürften neben dem Steindruck (Flachdruck) der Offsetdruck sowie der Tiefdruck die gegebenen Vervielfältigungstechniken sein. Alle diese Arten der Vervielfältigung setzen jedoch hohe Auflagen zwecks Kostensenkung für den geschäftlichen Erfolg voraus, weil sonst die Aufwendungen für die Plattenherstellung zu groß würden.

Es gibt eine kostensparende Technik, die selbst bei kleineren Auflagen ein ansprechendes Erzeugnis gewährleistet und durch die farbige Ausstattung den künstlerischen Ansprüchen der Käufer genügt und sie zum Kauf anregt. Das ist das Kolorit.

Möglichkeiten der koloristischen Ausgestaltung

Das Kolorit wird in der Praxis zur Veredelung des Papiers zuweilen als Ersatz für den farbigen Druck verwendet.

Wo die Kosten für mehrfarbige Klischees zu hoch erscheinen und wo zu sachgemäßer Amortisation dieser Kosten nicht genügend hohe Auflagen in Frage kommen, sollte mit Erfolg auf die manuelle Technik des Kolorits mehr als in früheren Zeiten zurückgegriffen werden.

Das *Handkolorit* ist eine sehr vornehme und man kann wohl sagen, auch als die künstlerisch wertvollste Art der Ausschmückung von Papierwaren zu betrachten.

Es wird vorwiegend angewendet auf solchen Erzeugnissen, auf denen bildliche Darstellungen, Blumen oder Figuren, in Licht- und wohl auch Kupferdruck hergestellt sind und bei denen es zur Belebung der Bilder die farbige Ergänzung bildet.

Die Herstellung wird vorwiegend nur von solchem Personal auszuführen sein, das nicht nur über ein gewisses künstlerisches Empfinden, sondern vor allem auch über einen ausgesprochenen Geschmack für die Farbenwirkung verfügt.

Ehe wir auf die technische Anwendung des Kolorits eingehen, wollen wir kurz dessen Verwendungszweck erläutern.

Diese farbige Technik wird seit altersher zur farbenfrohen Ausgestaltung von Holzschnitten, Bibelbildern, Initialen u. a. verwendet, bei denen es sich um beschränkte Auflagen handelt.

Das Handkolorit findet stets dann Verwendung, wenn Wert auf eine künstlerische Wirkung gelegt wird, während das Schablonenkolorit als Ersatz für den Farbendruck dient. Durch das Handkolorit lassen sich besondere Feinheiten besser erzielen, während durch das Schablonenkolorit vorwiegend größere Flächen gleichmäßig und auch preiswert koloriert werden können.

Branchenüblich wird unter Kolorit vorwiegend das Schablonenkolorit verstanden. Selbstverständlich ist auch eine Verbindung beider Verfahren — Hand- und Schablonenkolorit — miteinander möglich, wobei nur die großen Flächen unter Zuhilfenahme einer Schablone mit Farbe angelegt werden, während besondere Feinheiten mit dem Pinsel von Hand eingetuscht werden.

Das Schablonenkolorit stellt auch geringere Anforderungen an das Verständnis der diese Arbeit Ausübenden. Die niedrigen Herstellungskosten sprechen auch entscheidend für die Wahl dieser Ausführungen mit, da sie sich bei entsprechenden Auflagen billiger stellen als ein Eindruck von Farben.

Früher kolorierte man auch die allseits bekannten Bilderbogen mit Schablonen. Grundsätzlich sind beim Kolorit zwei Arten zu unterscheiden, und zwar je nachdem, ob es sich um Abbildungen handelt, die Halbtöne enthalten, oder einfache flächige Zeichnungen. Im ersteren Falle arbeitet man ausschließlich mit Lasurfarben, anderenfalls auch mit Tempera- oder Aquarellfarben. Es läßt sich natürlich auch Bronze verarbeiten. Bei der Wiedergabe von Stoffarbtönen erzielt man beispielsweise auch mit Aquarell- oder Temperafarben sehr schöne Wirkungen.

Bei einem Kolorit mit mehreren Farben kommen nur Lasurfarben in Frage, und zwar können jeweils nur zwei helle Farben übereinander gearbeitet werden. Es handelt sich bei diesen ausschließlich um Wasserfarben. Würde eine dunkle Farbe über eine helle gearbeitet werden, so würde diese restlos verdeckt werden. Zwei dunkle Farben übereinander würden zu einem vollkommenen Fiasko führen.

Selbstverständlich sollten alle für ein späteres Kolorit vorgesehenen Vorlagen auf gut geleimtem Papier gedruckt werden, da andernfalls die Farben nicht nur leicht durchschlagen, sondern auch unsaubere Ränder durch Auslaufen der Farbe die Arbeit verderben würde. Koloritarbeiten können auf Drucken in jedem beliebigen Reproduktionsverfahren hergestellt werden.

Die technische Ausführung des Kolorits

a) Das Handkolorit

Für das Handkolorit werden sehr gute, mit elastischer Spitze versehene Pinsel benötigt, die am besten aus Marderhaar angefertigt werden, deren Spitzen sich beim Arbeiten nicht spalten dürfen. Für die farbige Ausführung werden, soweit Halbtöne in Frage kommen, ausschließlich Lasurfarben verwendet. Handelt es sich um Vorlagen, bei denen lediglich Konturen vorgedruckt sind, dann nimmt man Aquarell- oder Deckfarben.

b) Das Schablonenkolorit

Das Schablonenkolorit erfordert eigens für diesen Zwecke hergestellte Schablonen und große Spezial-, Schablonier- oder Patronierpinsel, die aus feinsten elastischen Schweineborsten ohne Stiel bestehen.

Die Schablonen werden im allgemeinen aus transparentem Papier, oder ganz dünn gewalzter Zinn- oder Kupferfolie geschnitten. Die beiden erstgenannten Materialien sind einfach zu bearbeiten, weil man ein entsprechendes Stück (größer als das Original) auf die Vorlage legen und dann ohne Schwierigkeiten mittels Schablonen-(Feder-)Messer die Schablonen schneiden kann, während man bei Zinkschablonen die Konturen erst darauf übertragen muß. Jede Farbe erfordert die Herstellung einer besonderen Schablone. Bei den aus geöltem bzw. gefirnißtem Papier angefertigten Schablonen ist ein nachträgliches Überziehen mit einem möglichst wasserfesten Lack und ausreichendes Trocknen vor dem Gebrauch erforderlich. Es lassen sich bei sorgfältiger Behandlung der Schablonen unter günstigen Umständen Auflagen von 3000 bis 4000 Stück mit einem Schablonensatz herstellen. Ist die Auflage größer, so muß nach Abnutzung des ersten Satzes ein zweiter Schablonensatz angefertigt werden.

In Verbindung mit dem Schablonenkolorit tritt zuweilen auch das Handkolorit in Erscheinung, wenn es sich beispielsweise bei figürlichen Darstellungen um die Tönung der Wangen handelt. Diese Tönung wird zweckmäßig mit echter Schminke unter Verwendung eines kleinen Wattebausches von Hand aufgetragen. Sie ergibt einen ganz randlosen, einwandfreien Verlauf.

Von der exakten Herstellung der Schablone hängt natürlich die Güte des Produktes maßgebend ab.

Das Schablonenkolorit wird wohl ausnahmslos von weiblichen Hilfskräften ausgeübt, wobei die Koloristin auf einen Stapel der zu kolorierenden Vorlagen eine Schablone auflegt, die ausgeschnittenen Teile der Schablone mit dem Pinsel überstreicht, diese mit der linken Hand etwas anhebt und mit der rechten Hand, ohne den Pinsel loszulassen, das bearbeitete Blatt abnimmt. Ein kurzes Einpassen durch Rücken, und die Schablone liegt bereits korrekt auf dem nächsten Blatt.

Mit einem Schablonierpinsel wird die vorher ausprobierte Farbe in der Art aufgetragen, daß der Pinsel unter kreisenden Bewegungen möglichst schnell und in senkrechter Haltung über die gesamte ausgeschnittene Fläche der Schablone geführt wird, so daß auch alle Eckchen und kleinen Ausschnitte eingefärbt werden. Je nach dem Papier, auf dem die Vorlage gedruckt ist, muß der Pinsel mehr oder weniger feucht, keinesfalls aber naß gehalten werden. Wie bei der Skala beim Farbendruck vom Stein wird auch hier mit der leichtesten Farbe zuerst begonnen.

Um einen gleichmäßigen Farbton auch bei einer größeren Auflage zu erzielen, ist es unbedingt erforderlich, daß die Koloristin jeweils recht wenig Farbe in den Pinsel aufnimmt, ihn dafür aber häufiger „sättigt". Ein nasser Pinsel würde nicht nur die Farbe stärker auslaufen lassen als ein trockener, so daß also mit der fortschreitenden Arbeit die Farbe immer dünner erscheinen würde, es würden auch unsaubere, eventuell sogar klecksige Ränder entstehen. Ein zu trockener Pinsel dagegen würde die Farbe streifig erscheinen lassen, die Fläche nicht ganz ausstreichen und die Koloristin zwingen, ein zweites Mal über die Fläche zu streichen, wodurch eine ungleichmäßige Farbgebung erfolgen würde. In jedem Falle muß der Farbton zunächst auf einigen Nutzen der Auflage ausprobiert werden.

Bei der großen Auswahl der vorhandenen Farben gibt es keine allzu großen Schwierigkeiten zur Erzielung gewünschter Farbtöne. Die vorhandenen können leicht durch entsprechende Zusätze zu der gewünschten Farbschattierung geändert werden.

Es ist keine seltene Erscheinung, daß in Papier- und Schreibwarenhandlungen irgendeine Sorte einfarbiger, d. h. nur schwarz gedruckter Karten, seien es Glückwunsch- oder Postkarten, schwer verkäuflich sind, weil sie nüchtern aussehen. Der Verkäufer kann mit solchen Ladenhütern wenig anfangen, und da hält er Ausschau nach einer Möglichkeit, solche Ladenhüter verkäuflich zu gestalten.

Das Mittel hierzu ist in jedem Falle die farbige Ausstattung, denn wenn solche Karten bunt sind, dann haben sie viel eher Aussicht, die Blicke der Käufer auf sich zu lenken und Abnehmer zu finden. Man übergebe den Vorrat einer Kolorieranstalt, die mit ihrem ausgebildeten Personal und ihren Hilfsmitteln bei verhältnismäßig billiger Berechnung die Motive farbig anlegt und somit aus den Ladenhütern gängige Verkaufsartikel macht.

Anders verhält es sich, wenn nur kleinere Posten vorhanden sind, bei denen man bei einigem Zeichen- und Maltalent die Kolorierung solcher Karten selbst vornehmen kann.

Die Farbenauswahl als Grundbedingung zur Verkaufssteigerung

Nicht alle gewöhnlichen Tusch- und Malfarben, wie sie in den Papierwarengeschäften verkauft werden, sind für merkantiles Kolorit zu gebrauchen, weil diese erstens keine einwandfreien Kolorierungen zulassen und zweitens wegen ihrer kalkigen, erdigen Beschaffenheit zu stark deckend sind, so daß das schwarze Druckbild durch solche Farben unschön wird. Es kommt also besonders darauf an, daß die besten transparenten (lasierenden) Farben zur Kolorierung verwendet werden, wie sie die bewährten Farbenfabriken liefern.

Einige der billigeren Farben sind wohl auch transparent, doch besitzen sie zu wenig Wirkung. Sie werden in kurzer Zeit unansehnlich auf dem Papier.

Wir werden unsere Aufmerksamkeit daher den besseren Farben zuwenden, mit denen die Kolorierung einwandfrei ausfällt. Das sind die im Handel geführten feuchten Eiweiß-Lasurfarben in Tuben. Unter Lasurfarben versteht man solche, die durchschnittlich die unter dem Kolorit liegende schwarze Zeichnung oder den Druck völlig glasig durchscheinen lassen, so daß nicht die geringste Verschleierung oder Verdeckung entsteht.

Da es hauptsächlich darauf ankommt, hintereinander die ganze Menge der Karten gleichmäßig durchzukolorieren, wird eine kleine Menge der betreffenden

Farbe, z. B. Blau, in einem Schälchen mit Wasser verdünnt und auf einer Probekarte der Versuch gemacht, ob die Farbe in richtiger Konsistenz angerichtet ist, denn mit dicken Farben läßt sich keine schöne Wirkung erzielen. Man fertigt zuerst mit der Hand eine Probekarte an.

Je dünner die Farben aufgetragen werden, um so besser ist die Wirkung. Man richtet sich nach der als Muster vorkolorierten Probekarte. Die Konturen der einzelnen Gegenstände müssen scharf eingehalten werden, besonders dann, wenn es sich um Gebäude, Bäume, Wasserufer, Straßen usw. handelt, andernfalls verlieren die Bilder an Aussehen.

Bezüglich des Kolorierens ist zu den Eiweiß-Lasurfarben zu bemerken, daß man z. B. für das Anlegen von Himmel- und Wasserfärbung Preußischblau verwendet, das mit viel Wasser verdünnt werden muß. Uferwasser wird mit Blaugrün (etwas dunkelgrün mit Preußischblau angelegt, Straßen, Wege und Häuser mit hellem Ocker (Goldgelb und van-Dyk-Braun, je nach Helligkeit mit Wasser verdünnt). Ziegeldächer mit Orange (etwas Karmin mit Goldgelb gemischt). Bäume, Sträucher und Wiesen mit Hellgrün (Goldgelb mit Blau). Braune Partien, wie Holzhäuser, Baumstämme usw., mit Sepia (gemischt aus van-Dyk-Braun, ein wenig Karmin und Blau). Für den Horizont, z. B. mit der Stimmung nach Sonnenuntergang, Abendröte usw., wird je nach Intensivität der Lichtwirkung stark verdünntes Karmin, Goldgelb, einzeln oder auch vermischt, benutzt.

Das Kolorit erfolgt bei größeren Auflagen fast ausschließlich mittels Schablonen, nur in den seltensten Fällen werden die Karten einzeln mit einem Haarpinsel koloriert.

Die Schablonen, speziell für das Bemalen von Glückwunschkarten aller Art, wird aus ganz dünn gewalztem Blech (Zinkblech) oder Staniol der farbigen Vorlage entsprechend ausgeschnitten und über die zu kolorierenden Karten usw. gelegt. Die Farben werden dann mit einem Pinsel über die ausgeschnittenen Partien der Schablone gestrichen, wodurch die ausgeschnittenen Grundflächen gedeckt werden. In der Regel nimmt man Aquarellfarben, denen etwas Ochsengalle zugesetzt wird, damit die Farben auf den gedruckten Karten besser haften. Die zu kolorierenden Nutzen, sofern sie in größerer Anzahl zusammen auf einem Bogen angeordnet sind, schneidet man aus kalkulatorischen Gründen zweckmäßigerweise niemals vorher auseinander, sondern zerteilt sie so, daß in der Regel vier oder mehr Karten mit einer Schablone gleichzeitig koloriert werden. Für das Kolorieren einzelner Karten mögen die nachstehenden Anleitungen dienen.

Feine Pinsel sind unbedingt nötig, und man befleißige sich, möglichst naß zu malen; übermäßige Feuchtigkeit wird mit weißem Fließpapier weggetupft. Durch die verdünnten Farben lassen sich durch mehrmaliges Übereinandermalen mehrere Farbentöne auf den Kartenbildern erzeugen, um so mehr, als der darunterliegende schwarze Konturdruck Schattierungen in allen Tiefen zeigt, so daß schon mit einem ganz geringfügigen Farbenauftrag die Kartenbilder bedeutend gewinnen, wie man sich aus den früher so beliebten kolorierten Ansichtskarten überzeugen konnte.

Das Anreiben der Tubenfarben geschieht, indem man eine geringe Menge davon auf ein Schälchen tut, etwas Gummilösung dazugibt, mit dem Finger gut verreibt und schließlich das Ganze mit Wasser verdünnt.

Die Farben kann man leuchtender und wasserfest machen, wenn sie mit etwas Ochsengalle angesetzt werden; doch haben die erwähnten Eiweiß-Lasurfarben schon genügend Glanz. Die Vermischung mit Ochsengalle bezieht sich nur auf gute Aquarellfarben, bei welchen auf die Durchsichtigkeit jeder einzelnen Farbe ganz besonders zu achten ist.

Geringwertige Farben sind bei ihrer Anwendung nicht von langer Dauer, sie bleichen im Tageslicht aus, d. h. sie werden unansehnlich, so daß sich empfiehlt, nur wirklich gute, dauerhafte Farben zum Kolorieren zu verwenden.

Die hier gegebenen Fingerzeige zur Selbstkolorierung schwarz vorgedruckter Karten beziehen sich nur auf die Verwendung der qualitativ besten Farben.

Um nun das Kolorieren großer Flächen, z. B. Himmel und Wasser, schneller voranzutreiben, schneide man Schablonen aus Tauenpapier, welches wegen seiner Transparenz vorzüglich geeignet ist. Die Anfertigung der Schablonen geschieht folgendermaßen: Man legt einen zu kolorierenden Nutzen unter ein etwas größeres Stück dieses Papiers, dann zeichnet man mit Bleistift alles genau auf das Papier, was ausgeschnitten werden soll, legt es nachher auf eine Glasplatte und schneidet mit einem scharfen Federmesser alles das heraus, was frei werden soll. Die so erzeugte Schablone wird dann ebenfalls genau auf die darunter flachliegende, zu kolorierende Karte aufgelegt und mit einem etwas größeren, feinen flachen Pinsel die entsprechende Farbe aufgetragen.

Man darf nicht zu viel Farbe, d. h. keinen zu nassen Pinsel nehmen, er soll vielmehr ausgedrückt und nur halb feucht sein, damit mit einem einzigen Pinselstrich, den man über die Schablone hinüberzieht, auf einmal der volle Auftrag geschehen kann, ohne daß sich auf den Schnitträndern der Schablone eine starke Ablagerung von Farbe bildet.

Mit dem Schablonieren versuche man erst einigemal auf einem anderen, flachliegenden weißen Papier, bis die genügende Übung erreicht ist; die Schablone muß stets flach aufliegen, weshalb auch eine ganz ebene, flache Unterlage benutzt werden muß. Das ist von ganz besonderer Bedeutung für den Arbeitsvorgang.

Wenn der zu kolorierende Posten mit einer Farbe durchschabloniert ist, wird mit der zweiten Schablone und Farbe begonnen und ebenso verfahren. Die schablonierten Karten werden nebeneinander ausgelegt und getrocknet. Von der Farbe muß von Anfang an mengenmäßig so viel angesetzt werden, daß sie für die Auflage ausreicht.

Kleinere und feinere Partien auf den Karten werden nicht schabloniert, sondern mit der Hand eingemalt. Die Verwendung der Schablonen beschränkt sich auf größere Flächen; das Handkolorieren läßt man bis zum Schluß.

Statt des Tauenpapiers zur Erzeugung der Schablonen kann man auch ein hartes, glattes, mittelstarkes Zeichenpapier nehmen, welches vorher mit Paraffin, in Benzin gelöst, mehrmals nur auf einer Seite bestrichen wird. Das Papier wird, um eine gute Durchsicht zu erzielen, in Zwischenräumen von ein bis zwei Stunden so lange mit dieser Lösung gleichmäßig überzogen, bis es eine gute Durchsicht zeigt und nach dem Trocknen nicht mehr fleckig wird. Nach der völligen Austrocknung kann es dann zum Schablonenschnitt verwendet werden.

Das Auftragen des Glimmerstaubes

Die Verarbeitung des Brillantstaubes (das Beglimmern) ist sehr einfach. Man überstreicht mittels Pinsel die zu verzierenden Stellen mit einer flüssigen Leimlösung und streut auf diese Stellen alsdann sofort den Glimmerstaub. An den mit Leim vorgestrichenen Stellen werden die Flitterchen kleben bleiben, die übrigen fallen von selbst wieder ab, sobald man den Gegenstand umlegt und ihn rückseitig etwas beklopft.

Zum Beglimmern von Luxuspapieren (Postkarten, Gratulationskarten usw.) werden dünne Glasröhrchen mit feinen Ausflußöffnungen, sogenannte Glasfedern, verwendet. Mit ihnen ist es möglich, leicht und mühelos sehr feine Leimlinien herzustellen, auch lassen sich diese Federn zum Schreiben mit Leim verwenden. Der Preis für solche Glasfedern ist sehr gering. Anfragen von Glimmerstaub kann auch ähnlich wie beim Bronzedruck durch Unterdruck eines entsprechenden Bindemittels erfolgen, das natürlich eine wesentlich stärkere Klebkraft haben muß, als sie für die Bindung des Bronzestaubes erforderlich ist. Für die auszustattenden Partien werden entsprechende Platten geschnitten und auf dem Schließrahmen einer Tiegeldruckpresse genau wie für den Druck anderer Buchdruckarbeiten für diese zugerichtet. An Stelle der Farbe wird ein Klebstoff verwendet. Durch diesen maschinellen Unterdruck wird natürlich eine wesentlich schnellere Arbeitsweise erzielt als durch das Aufbringen einer Klebflüssigkeit von Hand und das darauf folgende Aufstreuen des Glimmerstaubes, ganz abgesehen von der durch die Maschinenarbeit zu erreichenden Gleichmäßigkeit aller auszustreichenden Teile. Voraussetzung ist natürlich eine entsprechend große Auflagenhöhe.

Die Farbspritztechnik im Dienste der Papierveredelung

Die Anwendungsmöglichkeiten

In zahlreichen Werkstätten und Betrieben unseres Faches spielt die Spritzmalerei, richtiger bezeichnet als Papier-Farbspritztechnik, eine wichtige Rolle. Wir erinnern an die farbige Ausstattung von Glückwunsch- und Bildpostkarten, kleineren Kunstblättern, die als Flächenausschmückung die preislich höhere künstlerische Ausstattung von Hand ersetzen soll, an die Ausstattung von Kalenderrückwänden, die Herstellung des Buntpapiers sowie vieler anderer Luxuspapier- und Galanteriewaren. Es handelt sich in diesem Falle um eine vielseitige Ausstattungstechnik.

Besonders für Ränder und Einfassungen jeglicher Art wird das Spritzverfahren gern angewandt. Durch die Möglichkeit, zart verlaufende Übergänge zu schaffen, ist es zum Vignettieren besonders geeignet.

Die Spritztechnik findet zudem Anwendung, wo es sich um keine geschlossene Farbenwirkung handelt, als Ersatz für die auf chromolithographischem Wege hergestellte Druckplatte. Man druckt eine Fläche auf der Stein- oder Buchdruckpresse vor und spart die Zeichnung aus, die dann reliefartig herausgeprägt und farbig angespritzt wird. Das kann in einer oder in mehreren Farben erfolgen.

Auch feinere Abtönungen in Licht und Schatten, wie sie der Lithographie eigen sind, lassen sich durch das regulierbare Aufspritzen der Farben mit der Spritzpistole erreichen. Dazu gehört eine gewisse manuelle Kunstfertigkeit.

Ein sehr großes Anwendungsgebiet, das bei weitem noch nicht erschöpft ist, findet die Spritztechnik als Mittel zur Veredelung des Papiers im Dienste der schmückenden Industrie.

Ein Wort noch zur Anwendung dieser Technik in der Praxis. Die Herstellung der Spritzpapiere erfolgt mit Rücksicht auf die Größe der Fläche mit Hilfe von Blechschablonen in Papiergröße (deren Herstellung ist verhältnismäßig teuer) oder auch durch Aneinandersetzen von Teilschablonen.

Die einfachste Schablone ist die sogenannte Schiene, die man für gerade Linien, aber auch für Wellen, Bogen und andere Muster nehmen kann. Auf einen Streifen Blech oder Pappe in ungefährer Breite von 20 oder 25 cm zeichnet man sich das Muster auf und schneidet die überstehende Hälfte ab.

Durch mehrfaches Aneinandersetzen, Überkreuzen usw. ist man damit schon in der Lage, bei einiger Übung wirkungsvolle Papiere herzustellen. Es gibt Schablonen in der Größe 70×100 cm, die bei kompliziertem Muster nicht gerade billig in der Herstellung sind. Bis sich eine solche Schablone bezahlt macht, bedarf es schon Auflagen von vielen tausend Bogen Papier. Aber gerade darin liegt das Können, mit wenigen und billigen Schablonen gute Arbeiten bereitzustellen.

Das Aufspritzen geschieht an der Kontur der Form entlang oder gleichmäßig über die in der Schablone offenen Flächen, je nach Entwurf.

Je mehr Farben, desto mehr Schablonen sind erforderlich. Selbstverständlich müssen die Konturen scharf geschnitten sein, da sich jede Unebenheit beim Spritzen bemerkbar macht.

Zur richtigen Handhabung der Pistolen gehört eine gewisse Übung, da schon ein zu starker Druck des Hebels die Arbeit verderben kann.

Die sachkundige Behandlung der Pistole ist ein Haupterfordernis für das Gelingen der Arbeit. Die Anlage einer Spritzeinrichtung ist nicht so schwierig, wie es auf den ersten Blick scheinen mag; aber für eine kleine Werkstatt dürfte sie immerhin zu kostspielig sein. Es gibt dort nicht genügend lohnende Arbeit dafür, so daß sich eine solche Einrichtung für eine laufende Produktion ohne weiteres lohnen würde, um rentabel zu sein. Es sind hauptsächlich die größeren Betriebe und Werkstätten der Branchen, die mit eigener Spritzanlage ausgerüstet sind.

Es werden hier aber auch noch andere Arbeiten in Farbspritzung ausgeführt, so z. B. werden Buchschnitte einfarbig angespritzt, was schnell geht und gut aussieht. Dieses Spritzen der einfarbigen Schnitte mit der Pistole ist für die Buchausstattung immerhin von einer gewissen Bedeutung.

Aus den vorstehenden Andeutungen über die Anwendung dieser Technik im Buchgewerbe geht hervor, daß sie vielseitig zu gebrauchen ist.

Es ist daher empfehlenswert, auch die Fach- und Berufsschulen mit einer Spritzeinrichtung auszurüsten, um auch den Nachwuchs mit der Anwendung dieser Technik vertraut zu machen.

Die Farbspritzschablonen

Im allgemeinen kommt für die Schablonen Zinkblech aller Stärken in Frage, doch ist bei Anfertigung einer nur beschränkten Auflage auch die Anwendung einer Schablone aus geöltem Karton oder Celluloid (für feinere Arbeiten) möglich, ja sogar vorteilhaft. Das Zerlegen des Entwurfes in die einzelnen Farbteile erfolgt durch Auflegen des durchsichtigen Schablonenmaterials und durch Aufzeichnung der Farben.

An gebräuchlichsten ist bei der Farbspritzung die verlaufende Art. Diese wirkt besonders plastisch. Eine weitere Sonderheit ist mehr flächig angelegt — die Farbe ist hier auf die dafür bestimmte Stellen gleichmäßig aufgetragen. Zur Herstellung mehrfarbiger Spritzungen ist als Vorlage stets ein farbiger Entwurf erforderlich.

Bei einer verlangten Musteranfertigung vor Aufnahme einer Aufarbeit genügt die Anfertigung einer Schablone aus geöltem Karton, der auch für mittlere Mengen genügt. Diesen stellt man sich folgendermaßen her: Zähen, nicht holzhaltigen Karton oder stärkeres Papier legt man in kleinen Bogen übereinander. Einfaches, dünnflüssiges Maschinenöl trägt man direkt aus dem Behälter auf und verreibt es mit einem Lappen beiderseitig. Den so stark geölten Karton schichtet man aufeinander und läßt das Öl durchziehen. Nach einiger Zeit nimmt man die einzelnen Kartonstücke und legt sie zwischen Makulatur. So verbleiben sie am besten eine ganze Nacht. Zum endgültigen Gebrauch nimmt man jeden Bogen heraus und reibt ihn mit einem Lappen oder auch mit Seidenpapier ab, so daß bei etwaigem Auflegen auf helle Leinwand oder Papier keine Fettflecke darauf zurückbleiben.

Den Entwurf stellt man am besten auf weißem Karton her, die Konturen nach Möglichkeit in Tusche, legt den geölten Karton darauf und zeichnet die Konturen durch. Zu jeder Farbe ist eine besondere Schablone erforderlich. Zelluloid als Schablonenmaterial nimmt man am zweckmäßigsten für sehr kleine Muster. Für größere Flächen kann man Preßspan oder auch Pappe verwenden, die man mit einfachem Spritzlack bedeckt. Für die Massenanfertigung kommen naturgemäß nur haltbare Schablonen in Frage.

Das Ausschneiden erfolgt am besten mit recht scharfen Messern auf einer Holzpappe als Unterlage. Für ganz kleinmustrige Arbeiten kann man auch Glas als Unterlage benutzen.

Die Technik des Spritzens

Die Tonstärke der Farbe kann mit Hilfe des Hebels in feinsten Nuancen geregelt werden. Die zerstäubten Farbteilchen werden von dem Ventilator abgesaugt. Der aus der Düsenöffnung kommende Farbstrahl wird bei flächiger Spritzart über die zu bespritzende Fläche hinweggeführt. Die Pistole muß mehrmals in weitem Abstand über die Fläche geleitet werden. Hierbei ist zu berücksichtigen, daß sie gleichmäßig Farbe erhält. Anders ist es bei der verlaufenden Art: Hier wird die Pistole in etwas größerer Nähe der Kontur der Schablone entlanggeführt; dadurch kommt ein Teil des Farbstrahles auf das bespritzte Material, und der andere Teil bleibt auf der Schablone haften. Der Teil, neben dem die Kontur der Schablone auflag, erscheint dann am dunkelsten.

Da die Deckfähigkeit der Farben beschränkt ist, verwendet man zweckmäßig hellere Rohstoffe. Zu erwähnen ist noch, daß häufig kleine Feinheiten, die im Entwurf vorhanden sind, selbst bei gewissenhafter Anfertigung der Schablonen verlorengehen.

Pinsel oder Spritzgerät?

In allen Zweigen unseres Gewerbes spielt das gleichmäßige Auftragen fein verteilter Farb- und Klebeflüssigkeiten eine bedeutsame Rolle. Der Pinsel war lange Zeit das einzige Hilfsmittel, mit dem man diese Arbeit ausüben konnte.

Pinsel sind bekanntlich teuer; das Arbeiten damit ist unwirtschaftlich, da beim Abtropfen und Reinigen Farbe verlorengeht, sie erlauben nur langsames, mühsames Arbeiten. Von den Koloristinnen wird zudem in der Anwendung dieses Gerätes eine große Übung und Geschicklichkeit verlangt.

Es war daher ein bedeutender Fortschritt, als es gelang, den Pinsel nach und nach durch ein anderes, schnelleres und sauberes Verfahren zu ersetzen.

Dieses Verfahren beruht auf der Benutzung der Spritzapparate. Die Kosten für die Anlagen sind verhältnismäßig gering und ermöglichen es auch dem kleinen Unternehmer, sich eine solche zuzulegen. Wo Gelegenheit gegeben ist, vorhandenen Strom zum Erzeugen des zum Gebrauch der Spritzapparate notwendigen Luftdrucks heranzuziehen, ist die Arbeitsweise noch einfacher. Zur Not genügt aber in besonderen Fällen auch ein Apparat mit Fußbetrieb.

Der unter dem atmosphärischen Druck stehende Luftstrom wird mittels der Spritzpistole in eine Farbflüssigkeit von beliebiger Konsistenz geleitet und läßt das hierdurch entstehende Gemisch von Luft und Flüssigkeit durch eine feine Spritzdüse austreten. Dadurch erhält man einen regulierbaren Strahl, der die Farbpartikelchen fein und gleichmäßig auf der auszustattenden Fläche verteilt. Richtet man diesen Strahl, der jede Regulierung gestattet, gegen eine zu bemalende Fläche, so kann man mit ihm zum Zwecke koloristischer Ausstattung der Papier- bzw. Kartonnutzen leichter, besser und sauberer arbeiten als mit feinsten und teuersten Pinseln.

Die Farbe spielt bei den Sondererzeugnissen der Papierwarenproduktion eine große Rolle. Für Ausstattungen der verschiedensten Erzeugnisse des täglichen Bedarfs ist die ununterbrochen wechselnde Farbenzusammenstellung unumgänglich notwendig.

Mit den Spritzapparaturen verziert man vorwiegend geprägte Karten sowie auch Bezugspapiere für Einbände, Buchumschläge, Kartonagen, Kalenderrücken, Tapeten, Lederimitationen, Ausstattungspapiere für Bonbonnieren u.a.m., indem die durch den Luftdruck fein zerstäubten Farben auf dem vorgeprägten Karton oder die glatte Papieroberfläche geschleudert werden.

Die erhaben herausgeprägten Prägeflächen nehmen die meiste Farbe auf, während die flacheren Stellen weniger Farbe oder nur Farbpartikelchen aufnehmen. Die gewölbten Flächen zeigen nach dem Aufspritzen zarte verlaufende Übergänge. Es werden in kürzester Zeit von einer geübten Arbeiterin Farbtönungen erzielt, wie sie in der gleichen Arbeitszeit durch die Pinselarbeit nicht zu erreichen sind.

Wenn man auf der entgegengesetzten Richtung in gleicher Weise eine komplementäre Farbe auf die auszustattende Fläche aufbringt, erzielt man reizvolle Wirkungen, ganz besonders bei plastisch blind herausgeprägten Flächen. Dabei wird eine Farbe von links, die andere von rechts gegen die geprägten Bildflächen gespritzt. Durch das Ineinanderübergehen der Farben lassen sich schöne Farbwirkungen erzielen.

Der Farbenverbrauch beim Spritzverfahren

Der Farbenverbrauch beim Spritzverfahren ist sehr gering. Die Handhabung der Apparate kann von jedem ohne große Vorkenntnis ausgeführt werden. Es ist daher verständlich, daß das Spritzverfahren sehr verbreitet ist.
Auf 200 g Spiritus kommen neben einem geringen Prozentsatz Schellack nur 7 g Farbe. Von dieser Lösung, die vor dem Gebrauch gekocht werden muß, genügen etwa 90 bis 100 g auf einen Liter Spiritus. Wegen der geringen Herstellungskosten lohnt sich die Anwendung des Verfahrens.

Die Aufgabe der Schablonen

Die Fläche, die von der Farbe nicht getroffen werden soll, wird daher mit Schablonen abgedeckt, die vorwiegend aus Weißblech bestehen. Liegen mehrere Teile, die von einer bestimmten Farbe nicht gedeckt werden sollen, auf der Bildfläche weit voneinander, so ist es unpraktisch, eine Schablone herzurichten, die über die ganze Fläche hinweggeht. In solchen Fällen schneidet man die abzudeckenden Flächen einzeln aus der Schablonenpause heraus und verbindet sie durch Brücken aus Draht, die ein bequemes Auflegen und Arbeiten ermöglichen.
Um gemusterte Flächen zu erzielen, überträgt man die Farbe durch Gewebe-Gardinenmuster hindurch auf die Fläche, wobei ein getreues Bild der Gewebestruktur übertragen wird.
Man spannt ein beliebiges, ganz dünnes Gewebe (Spitzen, Gardinenstoffe usw.) in einen Rahmen aus Holz oder Pappe und benutzt diesen als Schablone, die aber niemals fest auf den auszustattenden Nutzen aufgelegt werden darf, sondern in geringer Entfernung von der auszuschmückenden Fläche gehalten werden muß.
Beim Anspritzen glatter Flächen, z. B. bei Vorarbeiten zur Monogrammprägetechnik muß der Apparat schräg in der Hand gehalten werden, während er bei vollen Flächen oder zur Erzielung einer Schattenwirkung beim Zerstäuben der Farbe fast senkrecht zwischen den Fingern ruhen muß.
Die Farbspritzung wird nicht nur auf Papier und Karton, sondern auch auf Stoffe aller Art: Leinen, Velvet, Velour, Seide, Samt, selbst auf Zelluloid, Glas und Porzellan angewendet. Die Farben müssen natürlich gemäß den Eigenarten der betreffenden Stoffe zusammengesetzt werden.

Die Spritztechnik als Ersatz der Lithographie

Besonders in der Abschattierung von Farbenwirkungen ist die Technik des Aufspritzens von Farbe recht gut zu gebrauchen, da durch die feine Farbenverteilung eine geschlossene Wirkung besser zu erzielen ist, als es die gewandteste Feder des Lithographen vermag.

Wenn beim Druck eine Farbplatte eingespart wird, kann die zu ergänzende Farbe mit dem Zerstäuber nachträglich aufgetragen werden. Diese Arbeit kann sogar bis auf mehrere Farben ausgedehnt werden.

Selbstredend wird sich das Aufspritzen flüssiger Farben als ganzer oder teilweiser Ersatz für lithographische Platten nur auf kleine Flächen beschränken, da diese Methode bei ganzen Bogen unzweckmäßig wäre. In solchem Falle dürfte der Eindruck einer besonderen Farbplatte auf der Schnellpresse nicht nur praktischer, sondern vor allem auch billiger sein.

Farbenzerstäuber und Preßluftpistole

Unter den Farbzerstäubern gibt es Fabrikate, die sich in der Wirkung und im Gebrauch ähneln. Für große Flächen, wie Tapeten, Bezugpapiere usw. wird man sich nicht der kleinen Typen bedienen, sondern sich zur Verwendung der als „Preßluftpistole“ bekannten Konstruktionen entschließen. Die Strahlöffnung ist bei dieser stark erweitert, um stets eine größere Farbmenge auf der Ventilöffnung austreten zu lassen.

An Stelle des Farbenbehälters am Zerstäuberapparat, der oft nachgefüllt werden muß, kann ein Schlauchansatz benutzt werden, von dem eine Gummischlauchverbindung zu einem beliebigen großen Farbbehälter geführt wird, besonders beim Verbrauch großer Farbenmengen in gleichbleibenden Tönen.

Die Instandhaltung der Farbspritzgeräte

Ich möchte schließlich aus der Praxis noch einige Bemerkungen über die Instandhaltungsarbeiten der Apparate hinzufügen. Diejenigen Firmen, welche derartige Erzeugnisse herstellen, machen aus den später sich ergebenden, im allgemeinen sehr winzigen Reparaturen kein Geschäft. Das Arbeiten mit den Spritzapparaten ist durchaus lohnend.

Unvermeidlich sind höchstens einmal kleine Unkosten durch die Auswechselung einzelner Teile, nämlich der Farbdüsen und der Farbspindel. Es ist daher zweckmäßig, auswechselbare Farbbehälter an den Apparaten zu verwenden, die es ermöglichen, das zeitraubende Auswaschen für Anilinfarben zu vermeiden. Die Behälter sind in dieser Form nicht unbedingt nötig, doch hat man allerseits bei Verwendung von Anilinfarben ihren Vorteil bestätigt gefunden, daß in bestimmten Fällen eine Veränderung des verlangten Farbtons durch Reste anderer Farben, die sich häufig auch bei sorgfältiger Reinigung des Behälters nicht ganz beseitigen lassen, überhaupt ausgeschlossen ist.

Pflege des Spritzapparates*)

Durch Beachtung der Gebrauchsanweisung und sorgfältige Pflege des Spritzapparates kann sich sein Besitzer manche Unannehmlichkeit und Kosten ersparen. Vornehmster Grundsatz sei: Gründliche Sauberhaltung des Apparates. Nach jedem Gebrauch mit lauwarmem Wasser nachspülen, damit keine Farbrückstände bei der nächsten Spritzarbeit Hemmungen verursachen.

Auch die Farbdüse, den wichtigsten und empfindlichsten Teil des Spritzapparates, stets sauber halten und keinesfalls mit scharfen Gegenständen berühren. Der erfahrene Retuscheur wird die Düsennadel hin und wieder auf einem Ölstein vorsichtig nachschleifen. Bei Störungen, die bei etwas stärkerem Durchströmen von Preßluft oder Kohlensäure nicht zu beheben sind, sollte der Spritzapparat dem Lieferanten zwecks Instandsetzung eingesandt werden.

Die Bedeutung der Spritzapparate für Entwurf und Retusche

(Entwicklung und Arten, Aufbau und Handhabung)

Von Emil Brauer, Kronberg (Taunus).

Entwicklung und Arten der Spritzapparate

Seit man die Möglichkeit fand, feinste Tonwerte und zarte Verläufe in den verschiedenen Druckverfahren wiederzugeben, wurde der Spritzapparat sowohl dem Gebrauchsgraphiker, dem Zeichner, dem Photographen als auch den Originalherstellern und den reproduzierenden Berufen, wie Lithographen und Retuscheuren, ein unentbehrliches Hilfsmittel. Bereits 1891 wurden Spritzapparate nach einem USA-Patent von Thayer und Chandler in Chicago hergestellt. In Deutschland führte sie um die Jahrhundertwende die Aerograph Company Ltd., London, ein. Der Berliner Meister Plensdorf stellte in eigener Produktion zunächst nach den Plänen des Engländers King den sogenannten „King-Spritzapparat" her. Ab 1905 wurde die Druck- und Messestadt Leipzig der Ausgangspunkt vieler bekannter Konstruktionen. Zu erwähnen sind hier die Patente des Ingenieurs Otto Heinrich, dessen Spritzapparate unter den Namen „Hiekel" oder „Rückriem" bekannt sind; ferner die Patente des Altmeisters Friedrich Boldt, die sogenannten „Efbe-Spritzapparate", die heute in Italien nachgebaut werden, und außerdem auch die Patente der Firma Krautzberger, welche die „Spiro-Farbspritzapparate" herausbrachten.

Nach den Hauptmerkmalen der Konstruktion unterscheidet man zwei Arten von Spritzapparaten:

---

*) Autor: Emil Brauer, Kronberg (Taunus).

1. Apparate mit freiliegender Düsennadel,
2. Apparate mit geschützer Düsennadel.

Während die USA- und britischen Patente darauf beruhen, daß die Düsennadel, ähnlich wie bei dem in Abb. 5 gezeigten Apparat, der Länge nach mitten durch

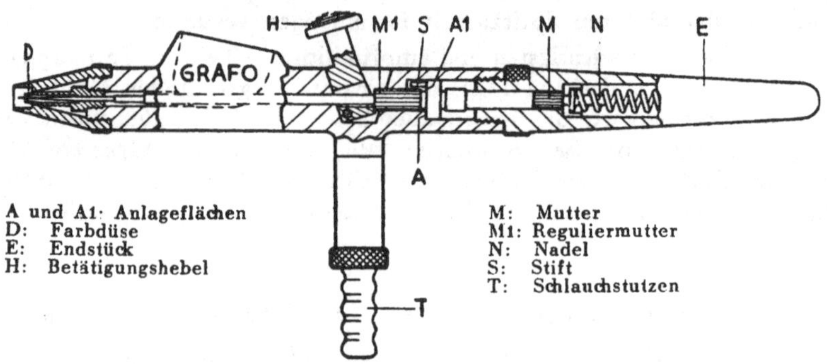

Abb. 5. Querschnitt durch einen Grafo-Spritzapparat

den Apparat geführt wird, weisen die deutschen Heinrich- und Krautzberger Schutzrechte als Hauptmerkmale eine Düsennadel auf, die außerhalb des Spritzapparates angeordnet wird.

Bei der Type Abb. 5 muß das Endstück abgeschraubt werden, bei der Type Abb. 6 wird, um die Düsennadel herauszuziehen, das kleine links vom Betätigungshebel sichtbare Schräubchen gelöst.

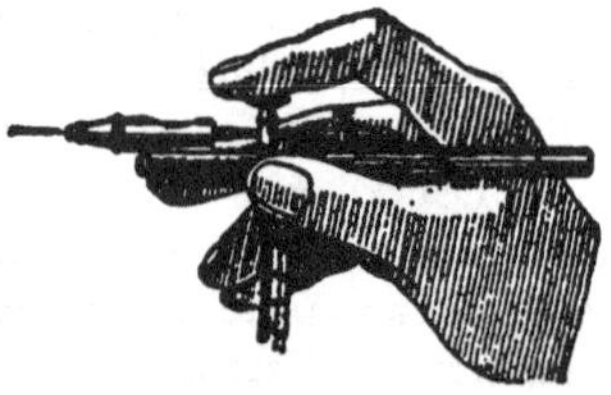

Abb. 6. Spritzapparat, bei dem die Düsennadel außerhalb angeordnet ist

Der Grafo-Retuschier-Spritzapparat ist ein hochwertiges Präzisionsinstrument. Folgendes sollte für seine Pflege genau beachtet werden:

1. Nach Gebrauch jeweils gründlich reinigen, d. h. mit lauwarmem Wasser nachblasen, damit keine das Ankleben der Düsennadel verursachende Farbe zurückbleibt.

2. Auf vorsichtige Behandlung der Farbdüse und der darin gleitenden Düsennadel ist größte Sorgfalt zu verwenden. Durch Lösen der hinter dem Betätigungshebel B befindlichen kleinen Schraube C kann die Nadel D auf einfachste Weise herausgezogen werden, obgleich die Nadel geschützt im Inneren des Apparates ruht, was bei einem so empfindlichen Teile wie eine Düsennadel von Bedeutung ist (Abb. 6). Beim Wiedereinführen der Nadel Betätigungshebel nicht nach hinten ziehen. Nadel soweit nach vorn drücken, bis leichter Widerstand spürbar. Alsdann die kleine Schraube wieder anziehen.

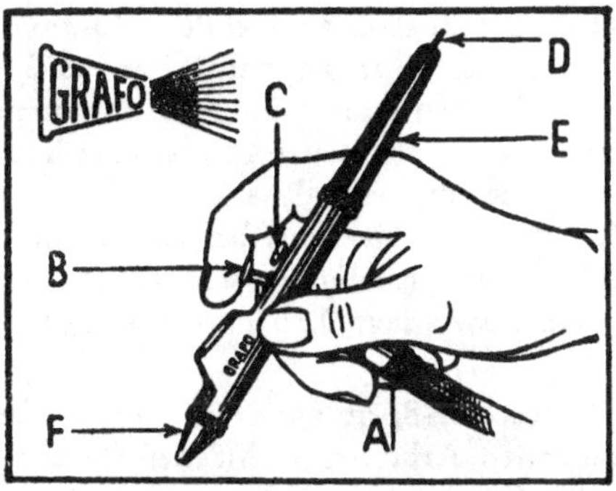

Abb. 7. Spritzapparat mit einer innerhalb des Apparates angeordneten Düsennadel

3. Ist der Hebelweg bis zum Fließen der Farbe zu groß oder zu klein, so ziehe man die Nadel heraus, schraube das Endstück E ab und verstelle nach Bedarf das Teilstück mit den zwei Flächen, nicht aber die Sechskantmutter.
4. Vor dem Abschrauben der Luftdüse F, Nadel etwas zurückziehen, damit die Nadelspitze nicht beschädigt wird.

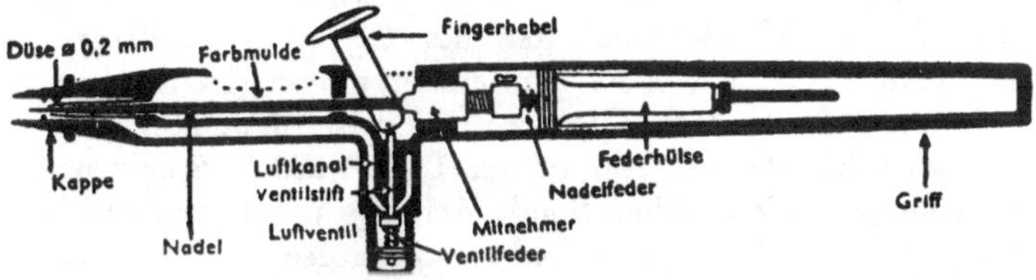

Abb. 8. Querschnitt durch einen Spritzapparat

5. Bei etwa auftretenden Störungen, die durch unkundige Hand nicht behoben werden können, keine Gewalt anwenden, sondern den Apparat zur Überholung an den Lieferanten zurücksenden.

Da es sich in der Praxis als notwendig erwies, die Düsennadel hin und wieder auf einem Ölstein nachzuschleifen, wollte Heinrich ein leichteres Herausziehen der Nadel erreichen, als dies bei den ausländischen Fabrikaten möglich war. Bei dieser Konstruktion besteht allerdings die Gefahr, daß die außerhalb des Apparates angeordnete Nadel leicht beschädigt werden kann. Dies zu vermeiden und trotzdem ein leichtes und schnelles Herausziehen und Wiedereinführen der Nadel zu gewährleisten, hat zu den in Abb. 7 und 8 gezeigten Konstruktionen geführt.

Aufbau und Handhabung der Spritzapparate

Jeder Spritzapparat stellt ein Präzisionsinstrument dar, über dessen Aufbau sowie das Zusammenwirken der einzelnen Teile jeder unterrichtet sein sollte, der mit dem Spritzapparat zu arbeiten hat. In ihrem Aufbau und dem Zusammenwirken der Hauptteile gleichen sich die meisten Spritzapparate, so daß die vorliegende Querschnittzeichnung der Abb. 5 als Information über die Zusammensetzung eines Spritzapparates dienen kann. Die wichtigsten und gleichzeitig auch die empfindlichsten Stellen des Apparates sind die Farbdüse und die auf die Düsenöffnung zugeschliffene Düsennadel. Auf beide hat man bei der Benutzung eines Spritzapparates sowie bei der anschließenden Reinigung sein Hauptaugenmerk zu richten. Die Düsenbohrung schwankt zwischen 0,15 mm und 1,25 mm Durchmesser.

Tafel III/1 zeigt die gebräuchlichsten Retuschier-Spritzapparate verschiedener Düsenbohrung. Je nach den in Frage stehenden Arbeiten wählt der Retuscheur die ihm bestgeeignete Type, und zwar: der Gebrauchsgraphiker wird eine sehr feine Düsenbohrung wählen und der Plakatmaler eine größere. Apparate mit 0,15 mm Düsenöffnung werden für feinste Arbeiten, z. B. für die Maschinenretusche vom Retuscheur oder für Anlage feiner Tonwerte und Verläufe vom Gebrauchsgraphiker benutzt. Vom Photographen wird für die Landschafts- und Porträtretusche größeren Formates die Düsenöffnung 0,3 mm bevorzugt. Apparate mit einer Düse von 0,5 mm Durchmesser dienen zum Anlegen größerer Flächen, Entwurf und Schablonenarbeiten des Gebrauchsgraphikers sowie zum Spritzen dünnflüssiger Lacke, wie sie zum Fixieren von Kreidearbeiten oder als Schutzlacke Verwendung finden. Apparate mit dieser Düsenöffnung sind heute auch ein unentbehrliches Arbeitsgerät in der Lederwaren-, Spielzeug- und keramischen Industrie geworden. Eine Sonderstellung unter den Spritzapparaten nehmen die sogenannten Farb- und Lackspritzpistolen ein, wie sie mit einem Düsendurchmesser von 0,8 mm, 1,0 mm und 1,25 mm in den verschiedensten Zweigen der Industrie zur Anwendung kommen.

Zum Spritzen füllt man die Farbmulde oder den Farbbehälter mit der angerührten Farbe und zieht den Fingerhebel mit dem Zeigefinger langsam zurück. Dadurch erfolgt selbsttätig ein Druck auf den Ventilstift innerhalb des Luftkanals, wodurch das Luftventil geöffnet wird. Jetzt strömt die Luft durch das Ventil und den Luftkanal an der Düse vorbei zur Kappe. Bei weiterem

Zurückziehen des Fingerhebels stößt dieser an den Nadelmitnehmer, und dieser zieht die Nadel zurück. Je nach Stärke des Zurückdrückens wird nun die Nadel aus der Düse gezogen und gibt eine feine ringförmige Öffnung der Düse frei. Die an der Düse vorbeiströmende Luft erzeugt an der Düsenöffnung ein Vakuum, wodurch die Farbe aus der Düse gezogen und von dem Luftstrom getragen und verteilt wird. Beim Vorbeigleiten des Betätigungshebels wird die Nadel von der Nadelfeder in die Düse gedrückt und schließt sie. Ebenso drückt die Ventilfeder im Luftventil den Ventilstift und den Dichtungsring an die Ventilscheibe, wodurch das Ventil geschlossen wird, und der Luftstrom versiegt.

Abb. 9. Eine verbogene Nadel ergibt Kleckser. Nur die gut gespitze und gerichtete Nadel arbeitet einwandfrei

Diese einfach anmutende Handhabung des Spritzapparates darf aber nicht dazu führen, achtlos mit dem Apparat umzugehen, dabei vielleicht die präzis aufeinander abgestimmten Teile zu ruinieren und damit den ganzen Spritzapparat zu verderben. Ein sehr großer Schaden entsteht oft beim Herausnehmen und Wiedereinsetzen der Düsennadel; geschieht dies nicht sachgemäß, dann wird die feine Spitze der Düsennadel sehr leicht verbogen. Eine verbogene Nadelspitze sitzt beim Zurückziehen der Nadel nicht genau zentriert in der Düsenöffnung, so daß ein ungleichmäßiger Farbkegel entsteht. Da die Nadel ja nie ganz zurückgezogen wird, sondern die Spitze der Nadel immer ein wenig aus der Düse herausragt, wird der Luftstrom seitlich abgelenkt, drückt den Farbkegel gegen den Kappenrand, und es entsteht dann ein grobes und ungleichmäßiges Korn. In besonders schweren Fällen sammelt sich auch in der Kappe Farbe an und der Apparat beginnt zu klecksen und zu spucken (Abb. 9). Wird eine verbogene Nadelspitze nicht wieder gerichtet, d. h. für die Düsenöffnung zentriert, dann schleift sich bei starkem Gebrauch durch das viele Vor- und Zurückgleiten die Nadelspitze ab, und gleichzeitig tritt auch eine Schwächung der Düsenwand ein. Die Folge ist dann auch in diesem Falle ein einseitiger Streukegel und im Laufe der Zeit auch ein dauernder Farbdurchfluß bei minimaler Betätigung des Fingerhebels. Das gleiche kann natürlich auch eintreten, wenn die Düsennadel beim Nachschleifen nicht rund, sondern einseitig oder gar eckig geschliffen wurde. Eine dadurch eintretende einseitige Beanspruchung der Düsenwand kann nach einer einseitigen Schwächung der Düsenwand zu einer Spaltung derselben führen, wodurch die Düse unbrauchbar wird und ausgewechselt werden muß. Großes Gewicht muß auch auf die langsame Betätigung des Fingerhebels gelegt werden. Nur bei einer langsamen Bewegung des Hebels gleitet die Nadel richtig. Läßt man unachtsam den Finger vom Hebel oder will man durch ein schnelles und ruckartiges Vorschnellen des Betätigungshebels den Luft- und Farbstrom stoppen, dann schießt die Nadel mit Gewalt in die Düse, deren feine Wandung wird gespalten und der Apparat ist unbrauchbar. Der Spritzapparat arbeitet unter komprimierter Luft oder Kohlensäure. Dort, wo man nicht täglich oder nur zeitweise mit dem Spritzapparat arbeitet, verwendet man als Druckluftquelle eine Preßluft- oder Kohlensäureflasche, wobei die Preßluft vorgezogen werden sollte, da Kohlensäure gesundheitsschädlich ist. Da die Flaschen bei Volldruck etwa 160 Atmosphären aufweisen, müssen diese unbedingt gegen Sturz gesichert sein. Für das Arbeiten mit dem Spritzapparat wird jedoch nur ein Druck von zwei bis drei Atmosphären benötigt, so daß ein Druckminderer, ein Reduzierventil, zwischengeschaltet werden muß. Vorteilhaft sind hierbei Präzisions-Reduzierventile mit zwei Manometern, die den erforderlichen Arbeitsdruck und den Flascheninhalt anzeigen, so daß man rechtzeitig für eine Ersatzflasche sorgen kann (Abb. 10). Bei Verwendung von Preßluft- oder Kohlensäureflaschen sollte

Abb. 10. Kohlensäureflasche mit zwei Präzisions-Reduzierventilen und zwei Manometern

man es sich zum Prinzip machen, vor dem Anschrauben des Reduzierventiles die Flasche kurz abzublasen und ebenso vor Anschluß des Spritzapparates den Luftschlauch kurz und kräftig durchzublasen, um zu vermeiden, daß Fremdkörper in die Ventile des Manometers gelangen oder daß Gummi- bzw. Fiberteilchen des Schlauches den Apparat verstopfen.

Bei gleichzeitigem Betrieb mehrerer Apparate und bei ständigem Gebrauch empfiehlt und lohnt sich die Anschaffung einer Luftkompressorenanlage für Kraft- oder Lichtanschluß. Tafel III/2 zeigt eine Kleinstkompressor-Elektrodruckluftanlage, die für Spritzapparate bis 0,5 mm Düsenbohrung ausreicht.

Preßluft- und Kohlensäureflaschen haben gegenüber den Kompressoranlagen den Vorteil, daß sie geräuschlos arbeiten, was z. B. für den Gebrauchsgraphiker, der vorwiegend in Privathäusern arbeitet, unerläßlich ist. Leider ist es unseren Firmen bei der Herstellung von Kleinstkompressoren noch nicht gelungen, eine Anlage herauszubringen, die wenigstens geräuscharm arbeitet. Hier bietet sich den Kompressorenherstellern eine dankbare Aufgabe und ein lohnendes Ziel.

Dankbar empfindet es der Retuscheur, wenn er einen geeigneten Halter für seinen Spritzapparat zur Hand hat. Tafel III/3 zeigt einen solchen Halter, dessen Gehäuse so ausgebildet ist, daß es die Luftdüse des Spritzapparates fest umschließt. Dieser Halter kann am Arbeitstisch leicht montiert werden und ist in jeder Richtung verstellbar.

Die Abbildungen wurden von der Firma Grafo-Feinmechanik (Emil Brauer, Kronberg) zur Verfügung gestellt.

Landschafts-, Ausgleichs- und Maschinenretusche

Von Wilhelm Fechner, Berlin-Tempelhof

Zur Herstellung guter, wirkungsvoller Ätzungen (Autotypien) ist die Arbeit des Positivretuscheurs unvermeidlich. Um saubere Klischees zu bekommen, ist es zu empfehlen, vor der Reproduktion die Photos dem Retuscheur zur Durchsicht zu übergeben, damit unsaubere Stellen durch Retusche beseitigt werden. Vor Anfertigung von Retuschen müssen klare und präzise Angaben seitens des Kunden vorliegen, um unnötige Korrekturen zu vermeiden. Raster und Klischeegrößen sind die wichtigsten Angaben, wonach der Retuscheur sich richten muß. Es gibt verschiedene Arten von Retuschen: Ausfleck-, Landschafts-, Ausgleichs-, Unterstützungs-, Maschinen- und Farbretuschen. Kleinere Flecke werden mittels Pinsel, Stabilo-Stiften, größere unsaubere Stellen mit dem Spritzapparat entfernt. Die feinen gespritzten Farbpartikelchen sind so klein, daß man sie mit dem bloßen Auge nicht erkennen kann, sie geben auf der gespritzten Fläche einen gleichmäßigen, kornlosen Ton, der mit dem Pinsel in der gleichen Glätte nicht zu erreichen ist. Ohne Mühe lassen sich die feinsten Verläufe spritzen. Teile, die nicht gespritzt werden sollen, müssen durch entsprechende Schablonen aus Zellophan, Papier usw. abgedeckt werden. Seit der Holzschnitt durch die Autotypien abgelöst wurde, spielt das Spritzverfahren in der Positivretusche eine maßgebende Rolle. In den allerseltensten Fällen ist es möglich, nach einer nicht retuschierten Vorlage einwandfreie Autotypien herzustellen. Da es viele störende Stellen im Hintergrund, rauhe Gußteile zu glätten, unvermeidliche Spiegelungen, Rundungen zu verbessern, Lichter zu erhöhen und Schatten zu vertiefen gibt, ist es bei technisch einwandfreien Retuschen (Maschinen und komplizierten Apparaten) erforderlich, zwei Kopien anzufertigen. Ein geübter Retuscheur sucht sich dann die beste Kopie zum Retuschieren, die andere als Vergleichskopie heraus. Vor Anfertigung von gut durchgeführten Retuschen müssen die Photokopien auf Karton aufgezogen werden, damit sie sich bei der weiteren Bearbeitung nicht werfen. Mittels eines feuchten Wattebausches, den man vorher auf gewöhnliche Gelatine reibt, werden Schmutz und vor allen Dingen Fett beseitigt, damit die gespritzte Farbe haften bleibt, fettige Originale nehmen keine Farbe an, da es Wasserfarben sind. Damit dem Retuscheur kein Fehler unterläuft, ist es ratsam, nochmalig den Bestellschein des Kunden zu überprüfen, da Wünsche des Kunden maßgebend sind. Die Retusche kann in jeder Art hergestellt werden, z. B.: freistehende, viereckige, verlaufende, weißen, grauen oder schwarzen Hintergrund usw. In den Händen des geübten Retuscheurs kommt der Spritzapparat zur vollen Geltung. Er ermöglicht dann eine Arbeit, die mit dem Pinsel nie erreichbar ist. Durch Aufsetzen von Lichtern an richtiger Stelle, geschmackvollen Hintergrund, kühne Reflexe usw. läßt sich der malerische Wert wesentlich erhöhen. Die nach diesen wirkungsvollen Retuschen angefertigten Autotypien werden im Druck immer ein gutes Resultat ergeben und dem Besteller eine gute Reklame sein. Der Spritzapparat (Luftpinsel) ist für jeden Retuscheur, Zeichner und Gebrauchsgraphiker ein unentbehrliches Handwerkszeug. Mit Leichtigkeit, das heißt wenn man mit dem Apparat umzugehen versteht, kann man Wolken in Landschaften, Modulation in Porträts, Verläufe und erstklassige Maschinenretuschen herstellen. Um eine gute, effektvolle Retusche (Maschinenretusche) zu erreichen, werden erst saubere Schablonen in Zellophan geschnitten. Die zu schneidenden Schablonen werden mit einer Schneidefeder schwach angerissen und dann ausgebrochen. Zuerst wird die Deckschablone von der Maschine, dann alle übrigen Teile und Flächen geschnitten. Jetzt beginnt die Spritzarbeit. Retuschen müssen immer dem jeweiligen Ton der Photographie angepaßt werden, da sonst die Arbeit des Photographen und des Ätzers erschwert wird. Blaue, gelbe oder rote Töne dürfen nicht erscheinen. Um das zu erreichen, muß in folgender Reihenfolge gespritzt werden: Ton, Licht und dann Tiefe. Schon hier kommt die Schwierigkeit, mit dem Spritzapparat richtig umzugehen. Als Farben kommen nur Wasserfarben und Aquarellfarben in Frage. Die Farben müssen sehr sauber durchgemischt sein, damit sich beim Arbeiten der Apparat nicht verstopft. Als Grundfarben sind für glänzende Glanz-Retusche-Farben, R 2 Braunschwarz, R 3 Blauschwarz und Aeroweiß A zu verwenden; bei matten Kopien nur Mattfarben. Aquarellfarben in allen Tönen kann man diesen Grundfarben beimischen. Die Farbe wird mit einem Borstenpinsel dünnflüssig in die Farbmulde eingeführt. Schablonen müssen gut aufliegen, damit der Spritzapparat nicht unter die Schablone stäubt. Zuerst wird immer der Hintergrund mit Bodenverlauf und Schatten gespritzt, dann erfolgt die Arbeit an dem Gegenstand selbst. Um schmale Töne, Schatten oder Lichter zu erreichen, muß man mit dem Apparat ganz dicht an das Original herangehen, weil dadurch der Spritzstrahl am feinsten ist, je weiter ab, um so größer ist die

Zerstäubung. Nach erfolgter Spritzarbeit werden dann alle winzigen Einzelteile, wie Schrauben, Nieten, Gewinde, Konturen usw. mit dem Pinsel sauber durchgearbeitet, auch das erfordert ein großes Können. Bei Entwürfen, Plakaten, Prospekten, Buchdeckel usw. bedient sich der Gebrauchsgraphiker auch der Spritztechnik. Es lassen sich auch hier mühelos blendende Effekte, gleichmäßiger Verlauf, überschneidende Strahlen zu erstaunlich schöner Wirkung herausarbeiten, was mit dem Pinsel nie erreicht werden kann. In den Händen eines Retuscheurs, Gebrauchsgraphikers und Photographen leistet der Spritzapparat Wunder, vorausgesetzt, daß man über Geschmack und Schönheitssinn verfügt.

III. Kapitel

Papierausstattungen

Vom Einst und Jetzt unserer Briefpapiere

(Aus der Entstehungsgeschichte unserer Papierausstattungsindustrie)

Im Lande der Sphinx, im alten Ägypten, war eine Papierart, „Papyrus" genannt, bekannt, bereitet aus der Payprusstaude. Von Hand gearbeitet, zeichnete sie sich durch außerordentliche Festigkeit und Haltbarkeit aus. Diesem Umstand können wir es auch verdanken, daß wir in unseren Sammlungen noch heute Schriftstücke aufbewahren, die aus diesem Material gefertigt worden sind.

Im alten Hellas und in Rom bediente man sich mit Wachs überzogener Täfelchen, in die die Buchstaben vermittelst eines Metallgriffels eingeritzt wurden, während die Chinesen bereits den Gebrauch einer Papierart kannten, der sie vermittelst Tusche und Pinsel ihre innersten Gedanken anvertrauten.

Die Japaner kannten bereits seit langem den Gebrauch des Papiers, das sie aus der Rinde des Papiermaulbeerbaumes herstellten, während wir zu den Hadern und Baumwollstoffen unsere Zuflucht genommen haben. Die Fasern bei dem von den Japanern hergestellten Papier sind lang und zähe, so daß das aus diesem Rohstoff gefertigte Papier auch eine außerordentliche Festigkeit besitzt.

Als die Araber die grüne Fahne des Propheten über einen Teil der Erde flattern ließen, brachten sie auch ihre Kenntnisse in der Papierherstellung mit ins Land.

Als der Großvater die Großmutter nahm...

„Anblick und Inhalt der Briefchen geben vor allem den Eindruck des Momentanen, Temperamentvollen. Es sind großenteils Oktav-, auch Halboktavblättchen, mit gedruckten Bändern eingefaßt, bald mit sichtlich raschen Zügen von Tinte oder auch Bleistift, bald mit gedrängteren oder feineren beschrieben, dann wieder Blätter ziemlich gewöhnlichen oder groben Schreibpapiers, einmal ein grünes Glanzblättchen, von des Herzogs Tische gerafft, einmal ein weißes Blatt mit farbiger Handbeblumung, aber auch Zettel von grobem, blauem Papier und anderen Streifen, die zuerst zur Hand sein mochten. Und diesem sozusagen dramatischen Äußeren entspricht meist der Ton, wie mitten aus der Eile des Lebens oder der Bewegung des Herzens heraus, gesprächsweise anrufend und abbrechend. Bei einzelnen kann man noch deutlich erkennen, daß sie in der Art von Fidibus zusammengelegt und an einem Ende gesiegelt, bei anderen, daß sie gerollt und mit zwei Fingern eingekniffen waren." So kennzeichnet Johann Gottlieb Immanuel Breithaupt (1719 bis 1794) in seinem Buch „Versuch, die Einführung des Leinenpapiers zu erforschen" die von Goethe besonders in seiner Sturm- und Drangzeit zu seinen zahlreichen Briefen, Mitteilungen und „Billets" verwendeten Papiersorten. Es geht daraus hervor, daß es zu Goethes Zeit, die ja schon Druckpapiere in verschiedenen Ausführungen kannte, spezielle Briefpapiere noch nicht gab. Auch fertige Briefumschläge gab es noch nicht, und wir wissen, daß die damaligen Briefschreiber es in der Kunst, die beschriebenen Bogen so zu falten, daß kein Unbefugter sie heimlich öffnen und wieder verschließen konnte, sehr weit gebracht hatten. —

Jedem von uns werden noch aus Großvaters Zeiten her jene ursprünglichen Formen der Briefpapiere lebhaft im Gedächtnis sein, die zweckentsprechend in der denkbar einfachsten Form Bogen und Umschlag zugleich in sich verkörperten. Man beschrieb die Innenseite des Bogens, der meist Folioformat hatte und faltete denselben manuell zweimal in der Längs- und Querrichtung, dann schloß man ihn durch Ineinanderstecken der einzelnen Teile. Als Sicherung des Verschlusses bediente man sich einer Oblate oder eines Siegels, damit kein Unbefugter das Schriftstück heimlich öffnen und wieder verschließen konnte. Damals gab es bekanntlich noch keine Briefumschlagmaschinen und demzufolge auch keine Briefumschläge, wie wir sie heutzutage benutzen. Diese Art der Briefformate mit aufgeklebter Freimarke ist noch heute eine Freude jedes Briefmarkensammlers. Das war jene Zeit, als Thurn und Taxis das Monopol für die Briefbeförderung hatten. Die Eisenbahn hat den Postwagen verdrängt, wie das Automobil wieder ein Konkurrent der Eisenbahn zu werden verspricht. Diese wieder wird vielleicht dermaleinst durch das Flugzeug in den Hintergrund gedrängt werden.

Im Zeitalter der Technik steigern sich die Ansprüche

In dem Maße, wie die Technik dem Gebiete der Menschen neue Bahnen wies, sind auch die Ansprüche an das Leben gestiegen. Mit ihnen ist es eine unerläßliche Bedingung geworden, eine dauernde Verbindung untereinander herzustellen, und das ist das Mittel der schriftlichen Verständigung.

Wenn die Dienste des Fernsprechers nicht mehr ausreichen oder aber aus gewissen Gründen eine Benutzung desselben nicht zu ermöglichen ist, dann muß zu Papier und Feder gegriffen werden. Bei den gebildeten Menschen ist die Notwendigkeit, sich mit Briefpapieren zu versehen, für den geschäftlichen wie auch für privaten Gebrauch eine gleiche wie die Sorge um den täglichen Lebensunterhalt, dem Körper neue Stoffe zuzuführen.

Man wird heute allen Ansprüchen gerecht

Der wenig Bemittelte wird sich das billigste Schreibpapier anschaffen, das der Papierhändler führt. Für verhältnismäßig wenig Geld kann er seinen Bedarf decken.

Die Industrie hat Briefpackungen auf den Markt gebracht, die alle möglichen Formate und Farben von Schreibpapier, die dazu erforderlichen Umschläge, sowie einfache und doppelte Billettkarten enthalten. Es durfte früher nichts von dem fehlen, was man sonst noch zu Schreibzwecken brauchte, bis herab zu dem Siegellack in schmucken Kartons, dessen Färbung sich denen des Inhalts der Briefkassetten anpaßte. Siegelmarken zum Aufkleben auf die Verschlußklappen der Umschläge sind ebenfalls nicht zu übersehen, — alle diese Gegenstände gehörten zu einer vollständigen Ausstattung.

So reichhaltig waren die Früchte des Fleißes der Industrie, daß der ärmste Mann für wenig Geld ebenso wie der an Luxus gewöhnte und von dem Geschick mit den nötigen Mitteln bedachte Mensch ihren Bedarf in einer beide Teile befriedigenden Weise decken konnten.

Bei der Zusammenstellung der Neuheiten war vor allem der gute Geschmack des Fabrikanten unter Bewertung der äußerlichen Anregungen für die Ausstattung maßgebend. Er mußte wissen, was seine Abnehmer verlangten, und diese wiederum mußten davon unterrichtet sein, welche Geschmacksrichtung ihre Kundschaft bevorzugte. Ein Teil derselben liebte die weißen, glatten Papiere, andere wieder zogen verzierte oder farbige Papiere vor; ebenso ist es mit dem figürlichen Schmuck der Briefpapiere, den die Kundschaft bevorzugte, während andere Blumenstücke vorzogen.

Das alles sind Dinge, die derjenige, welcher Briefpapier vertrieb, wissen mußte. Nicht zu unterschätzen ist es für den Fabrikanten, die Hinweise seiner Abnehmer weitestgehend zu berücksichtigen. Auch die Wünsche seiner Reisenden soll er nicht als leeres Stroh ansehen. Es können fruchtbare Halme darunter sein, die eine reiche Ernte versprechen!

Natur und Kunst leihen die Motive für die Ausstattung.

Die Motive werden den verschiedensten Gebieten entlehnt. Es liegt auf der Hand, daß man hierbei zur Natur selbst seine Zuflucht nimmt. „Die Natur ist aller Künste Meister“, und von diesem Meister kann man lernen. Die Jahreszeiten haben ihre Reize als Vorbilder hergeben müssen zur Verschönerung einer Reihe von Erzeugnissen. Das Briefpapier für Luxuszwecke hat wie kein anderes Erzeugnis seinen Anteil an der künstlerischen Anwendung von Motiven aus der Natur.

Zuweilen findet auch die Prägetechnik Anwendung; ferner treffen wir auf der Tiegeldruckpresse hergestellte Arbeiten an. Auch das Handkolorit ist als Mittel zur kunstvollen Ausstattung gern gesehen. Der mehrfarbige Steindruck ist eine bekannte Erscheinung auf diesem Gebiete. Besonders lebhaft in der Erinnerung dürften jedem aus den Kindertagen her Weihnachtsbogen, kurzweg „Wunschbogen“ genannt, sein. Seltener als Steindruck finden wir die Monogrammprägetechnik auf Briefbogen vertreten. Meist sind es nur Bogen mit sogenannter „Lackprägung“, die wir antreffen. Die weitaus größte Anwendung findet diese Technik bei dem Artikel „Briefpapier“ durch die Verzierung der Bogen bzw. Verschlußklappen des Umschlages mit einem Monogramm in der bekannten Form in sich verschlungener Anfangsbuchstaben des Namens.

Ein begehrter Artikel schafft Arbeitsmöglichkeiten für viele

Während bei Aufkommen dieses Marktartikels Bogen und Umschläge in Päckchen oder in größeren Mengen abgegeben wurden, ist durch das Verschmelzen mit der Kartonagenindustrie ein neuer Handelszweig entstanden. Hier reichen sich zwei Industrien, jede lebensfähig, die Hände. Die Briefpapiere werden am häufigsten konfektioniert verkauft, das heißt 25 Bogen und ebenso viele Umschläge — es können auch mehr oder weniger sein — werden, in einem Karton verpackt, in den Handel gebracht. Oftmals ist die Ausstattung dabei alles, die Qualität kommt erst in zweiter Linie in Betracht. Natürlich ist es auch sehr häufig der Fall, daß beides gleich gediegen ist. Der Einkaufspreis dieser Artikel stellt sich sehr verschieden. Besonders ansprechend wirkt bei Verzierung der Papiere, namentlich der Büttenpapiere und deren Abarten, der Kupferdruck als solcher oder auch in Verbindung mit Kolorit. Selbstverständlich sind die Preise dieser Artikel dann auch entsprechend hoch.

Die technische Herstellung der Briefbogen und -umschläge

Die Papierausstattungsfabriken kaufen die für ihre Zwecke erforderlichen Papiere plano und schneiden sich dann daraus die Formate, die gewünscht werden, da sich diese mit der Mode ändern. Die gangbarsten, immer wieder verlangten Billetformate konnte man gebrauchsfertig, d. h. geschnitten und gefalzt, von der Papierfabrik beziehen, wodurch viel Zeit erspart wurde. Das Falzen der Bogen kann mit der Hand oder auch auf der Falzmaschine erfolgen. Die zu Briefbogen erforderlichen Umschläge werden wohl ausnahmlos auf maschinellem Wege hergestellt.

Umschläge, die aus besonders widerstandsfähigem Material hergestellt werden, wie schwere Tauenpapiere oder Sonderformate, dürften wohl ausnahmlos mit der Hand geklebt werden, während sich die Maschinenarbeit für glatte, satinierte

Papiere eignet, wie wir sie im Geschäftsleben als „Hanfpapiere“ kennen, die der Verarbeitung wenig Widerstand entgegensetzen.

Wir sprachen von dem Ineinandergreifen zweier Industriezweige, der Papierausstattungsfabriken sowie der Kartonagenbetriebe. Die äußere Ausstattung der Kartons ist die Hauptsache.

Die Blumen der Felder und des Gartens, zierliche Mädchenfiguren und hübsche Frauenköpfe sahen wir als Motiv zu den verschiedensten Deckelausschmückungen entlehnt. So fanden wir bevorzugt als Erinnerung an die gute alte Zeit die Marken „Anno Domini“, „Exlibris“, „Anno Dazumal“. Der Inhalt solcher Schachteln war den Papieren jener Zeit angepaßt, also gewichtsmäßig „schwere Qualität“. Bevorzugt wurden, wenigstens für Herrenausstattungen, fast stets die schweren Qualitäten, auch die pergamentähnlichen wurden und werden auch heute noch viel gekauft. Es gab eine Zeitlang eine Art „Auslandskurs“, den lange ziemlich jeder steuerte, da besonders der Engländer bevorzugt schwere Pergamentpapiere für seinen Privatbedarf wählt.

Besonders beliebt sind die verschiedenartigsten Nachbildungen von Gewebearten des Leinens, die in außergewöhnlich zahlreichen Gattungen in den Handel gekommen sind. „Irish Linen“, „Batiste“ — sie lassen sich auch auf gut Deutsch wiedergeben — begegneten uns bei jedem besseren Papierhändler. Die modefarbenen Kleiderstoffe sind ebenfalls als Farbdekor sehr beliebt, blau, grau, braun, hellviolett oder jene Nachbildungen, zu denen uns die Mode in ihren verschiedenen Abwandlungen reichlich geeignete Vorlagen liefert.

Als Bezugspapier finden wir außer den beliebten Modepapieren vor allem verschiedene Pressungen, zum Teil in höchster Vollendung, Holzmaserungen und Lederpressungen der verschiedensten Arten.

„Wo Menschen schweigen, werden Steine reden“,

sagt ein bekanntes Zitat. Die Industrie hat uns zum Teil sehr gute Nachbildungen von Kararischem Marmor, Granit und Onyx beschert, Erzeugnisse der Flachdrucktechnik. Alles finden wir schon vertreten. Es hält schwer, auf dem Gebiet der Luxuspapiere noch wirklich neue und originelle Sachen herauszubringen. Es ist eben alles schon einmal dagewesen nach Ben Akibas viel zitierten Worten.

Um den Reiz der eben besprochenen Papierausstattungen zu erhöhen, vor allem, um das Innere der Packungen mit dem Äußeren in Einklang zu bringen, werden die Umschläge und die Bogen mit ein- und mehrfarbigen Bändern gebunden, deren Enden zu zierlichen, schicken Schleifchen geknüpft werden. Mädchenhände verrichten wohl ausschließlich die Arbeit des Schleifenbindens, und die durch Farbe und Qualität erzielten Wirkungen verraten oft den guten Geschmack in der Schaffung von Neuheiten.

Nur unermüdliches Streben sichert den Erfolg

Nachdem wir nun über die Arten der konfektionierten Schreibpapiere nebst Hüllen gesprochen haben, wollen wir uns mit wenigen Worten noch den Geschäften widmen, die sich mit dem Vertrieb dieser Erzeugnisse befassen.

Nicht die Größe eines Geschäftes ist ausschlaggebend für die Güte der angebotenen Ware, sondern lediglich deren Beschaffenheit. Diejenigen Fabrikanten, die sich die Verarbeitung des Papiers als Wirkungskreis ausersehen haben und die heute als führend auf diesem Gebiet der Industrie anzusprechen sind, hatten einen harten Kampf ums Dasein zu bestehen, ehe sie den Gipfel erklommen, auf dem sie ihr Gütezeichen in Form ihrer Fabrikmarke aufstecken konnten.

Es ist eine lobenswerte Eigenschaft des menschlichen Geistes, niemals auf den errungenen Lorbeeren auszuruhen, sondern die einmal erworbenen Kenntnisse zu vertiefen und zu erweitern. Das berechtigt uns zu der Hoffnung, daß die Hersteller dieser eigenartigen und für das tägliche Leben unentbehrlichsten Gegenstände auch weiterhin stets auf der Höhe stehen und die Errungenschaften der Technik durch die Qualität des angebotenen Papiers, andernfalls auch dessen Ausstattung und Veredelung durch Form und Farbe zur äußeren Aufmachung als unentbehrliche Kulturträger nutzbar machen werden, um so das Interesse des kaufenden Publikums zu finden.

So werden aus „Schauenden" schließlich „Kauf-Leute" und der Absatz ist dann der Gradmesser dafür, daß man richtig disponiert, kurz die „richtige Nase" gehabt hat, seinem Unternehmen einen Auftrieb zu geben.

Papierausstattungen

Papierausstattungen gehören zu unserem Kulturgut. Sie erfreuen nicht nur durch ihre abwechslungsreichen Formen und Ausstattungen, nicht in erster Linie auch durch ihre verschiedenartigsten Farbentönungen der angebotenen Papiere das Auge des Fachmanns, sondern in der Hauptsache das des Beschauers und mithin des Käufers.

Wie schön und kaufanregend sind unsere heutigen Briefpapierpackungen, bei denen der Zweck, Papier und Umschläge vor äußeren Einflüssen und Beschädigungen zu schützen und Ordnung und Einheitlichkeit hinsichtlich Güte und Zahl des Inhalts zu schaffen, oft hinter dem Werbezweck zurücktritt. Die Ausstattung wurde mehr und mehr den künstlerischen Anforderungen der Zeit und dem herrschenden Geschmack angepaßt, ja, man kann sagen, daß gerade die Briefpapierpackungen ein Spiegelbild des Kunstgeschmacks „für den Hausgebrauch" sind. Als man später mit zunehmendem Umfang des privaten und geschäftlichen

Briefwechsels auch spezielle Briefpapiere herstellte und verkaufte, wurden die Bogen und Umschläge zunächst auch stückweise abgegeben und dabei höchstens in einfache Bogen eingeschlagen, wobei auf besondere Kennzeichnung verzichtet werden konnte.

Heute ist man daran gewöhnt, Briefpapier und Umschläge, mögen sie bedruckt oder unbedruckt sein, in verschiedenartig gestalteten Packungen zu erhalten. Die gebräuchlichsten Packungen sind Mappen, Kartons oder Kassetten. Alle diese Packungen enthalten jeweils eine Anzahl Bogen und Umschläge in verschiedenen Formaten und zuweilen dazu passenden Briefkarten. Je luxuriöser die Packungen, desto gewählter ist auch das sonstige Zubehör.

An der Herstellung von Briefpapierpackungen sind heute zwei vielseitige Industriezweige beteiligt, die Kartonagenindustrie und die Papierausstattungsindustrie, die sich gegenseitig immer wieder neue Anregungen geben und unter Verwendung von maschineller und handwerklicher Arbeit neue Abwandlungen und Dessins schaffen. Viele technische Neuerungen gibt es auf diesem Sektor der Papierausstattungen nicht, dafür aber um so mehr Möglichkeiten der künstlerischen oder kunstgewerblichen Formgebung.

Für die Ausstattung der Packungen sind zunächst die Formate der Bogen und Karten mit ihren Umschlägen und gleichzeitig die Güte und der Gebrauchszweck der Briefpapiere wichtig. Für solche Papiere, die nicht ausschließlich Geschäftszwecken dienen, hat sich das für diese jetzt übliche DIN-Format noch nicht eingebürgert. Hier findet man alle möglichen Formate vom sogenannten Billettformat bis zum Herrenformat, die auch oftmals gemischt in einer Packung enthalten sind. Die Hersteller der eigentlichen Briefpapierpackung, *die Papierausstattungsfirmen*, kaufen das Papier in Bogen oder Rollen von der Papierfabrik, schneiden sich daraus die gewünschten Formate, falzen sie, bedrucken oder prägen sie gegebenenfalls, fertigen die dazu passenden gefütterten oder ungefütterten Briefumschläge maschinell an und lassen sie entweder mit Papierstreifen oder Seidenbändern bündeln, bevor sie in die Verkaufspackung eingelegt werden.

Briefkassetten werden meist mit 25/25 Bogen und Hüllen beschickt; bei 50/50 werden meist noch 5 bis 10 Karten nebst Umschlägen beigefügt.

Briefmappen mit verkaufsförderndem Titelaufdruck in ansprechender Aufmachung werden in Packungen zu 5/5, 10/10, 15/15, 20/20 und 25/25 Inhalt abgegeben. Die Packungen zu 5/5, 10/10, 15/15 werden ausnahmlos in bedruckten Umschlägen angeboten, die Packungen zu 25/25 und mehr Inhalt in geschmackvollen Mappen. Beim Aufklappen sind links die Umschläge, rechts die Briefpapiere angeordnet. Diese sind am Kopf abgeleimt, zum Ausreißen. Ein obligates Linienblatt dient zugleich als Löschblatt.

Ausstattungen sind spezialisiert in modernen Geschenkpackungen als Bogen- und Karton-Kassetten, Kombinationen in den denkbar verschiedensten Formaten, vorwiegend weiß, aber sie werden auch häufig mit feinfarbigen, modefarbigen Papieren ausgestattet verlangt und gerne gekauft.

Vergessen wir nicht, daß nicht nur die weißen Papiersorten den Weg zum Käufer finden, sondern auch farbige, im Stoff gefärbte, vorwiegend in leichten Farbtönungen, um für die Beschriftung gute Lesbarkeit zu gewährleisten.

Das Geheimnis des Erfolges einer Briefpapierpackung beruht natürlich vorwiegend in ihrem Inhalt, aber auch die Aufmachung und Ausstattung sind wesentliche Faktoren für die Absatzförderung. Überwiegend werden ja Papierausstattungen für Geschenkzwecke gekauft und hierbei findet naturgemäß die äußere Aufmachung besonders starke Beachtung. Das Aufbringen von Marken oder Titeln kann entweder in Monogrammprägung, Buchdruck oder Steindruck erfolgen, wobei die Prägung meist als Flächenschmuck dient.

Je leuchtender und farbenprächtiger der Titel ist, desto größeren Anklang findet er erfahrungsgemäß beim Käufer, wobei allerdings auch manchmal des Guten etwas zu viel getan wird. Die zur Verfügung stehenden drucktechnischen Mittel sind zahlreich: Golddruck, Farben, Blattmetall- und Folienauflagen, Preßvergoldung, Silbereffekte auf farbigem Untergrund, farbig gespritzter Grund mit Prägung oder koloristischen Motiven zeigen Ausstattungen in allen Preislagen.

Die Stärke der Ausstattungsfirmen besteht in der Auswahl ausgerüsteter Papiere, Bogen, Karten und Umschläge mit und ohne Seidenpapierfutter, einfarbig oder farbig dessiniert in den verschiedensten Formaten bis zu Längshüllen (als Herrenformat). Es werden nicht nur glatte Papiere gehandelt, sondern auch solche mit Leinen- und anderen Stoffpressungen.

Die beliebteste Packungsform ist die einfache Schachtelpackung mit Sturz- oder Klappdeckel bzw. die zweiteilige Kartonage, doch ist dem Kartonagenmacher ein großes Arbeitsfeld gegeben, auf dem er seine Phantasie spielen lassen kann hinsichtlich der zu schaffenden Formen.

Die Deckelstücke der Kartons werden zuweilen wattiert, um aufzutragen und die Packungen dadurch voluminös erscheinen zu lassen.

Als Behälter für die Papiere werden meist glatte Packungen gewählt und gerade diese eignen sich besonders gut für die Anbringung eines werbenden Namenszuges oder Markennamens. Weltbekannt sind die Hausmarken führender Herstellerfirmen, bei denen ein häufiges Wechseln der Aufmachung und der Ausstattung unzweckmäßig wäre.

Das Publikum hat sich an bestimmte Packungen, die durch ihre Originalität bzw. bestimmte Charakteristika dem Gedächtnis des Kunden eingeprägt haben, gewöhnt. Es würde aus einer Änderung der Aufmachung auch auf eine Änderung der bisher bezogenen Qualität schließen.

Das „Motto“ auf der Oberfläche der Packung weist oftmals gleichzeitig auch auf die Farbe des in dieser enthaltenen Papiers hin, so z. B. Pfirsisch, Flieder, Azur oder auf das Material der Ausstattung wie Maroquin, Papier Batiste, Ivory —, unter denen der Käufer sich allerdings wohl weniger vorstellen kann als unter den entsprechenden deutschen Bezeichnungen: Echt-Leder, Leinen-Papier, Elfenbein. Die Bezeichnungen „Handelspost", „Merkur" oder andere leicht einprägsame Titel geben gleichzeitig einen Hinweis auf den Verwendungszweck des Papiers.

Wer sich die Auslagen der einschlägigen Geschäfte anschaut, wird über die Reichhaltigkeit der Markennamen oftmals erstaunt sein. Was für den Kaufmann der Firmenname seines Geschäftes und für den Verleger der Titel seiner Werke ist, das ist für das Ausstattungsgeschäft der Titel der Packung, der aber auch psychologisch richtig gewählt sein muß, um den Käufer anzusprechen.

Wir sprachen bereits an einer früheren Stelle von den Farbtönungen der zur Füllung von Ausstattungskassetten bestimmten Papiere. Nun noch ein Wort zu den Farbenbezeichnungen. Wer kennt sie wohl alle, die uns mit phantastischen Namen angepriesen werden, die für uns ein Begriff werden sollen. Was gibt es für sonderbare Farbenbezeichnungen. Man braucht geradezu einen Führer, um sich im Reich der Farben hindurchzufinden und muß schon ein Fachmann sein und Kenntnisse in der Farbenchemie besitzen, um sich die Nuancen plastisch vor das geistige Auge zu zaubern.

Wir Fachleute wissen natürlich, was beige-rosé, airblau (zu Deutsch wohl Luftblau) ist. Lichtblau oder zartgrün sind Begriffe, die wir alle kennen. Sie kennen im Reiche der Farben wohl cognac, tabakbraun, distelgrün, wein- bzw. bordeauxrot, purpurrot. Sie wissen wohl auch, was man unter lavendel, mulattenbraun, mitternachtsblau versteht.

Nehmen wir nur einmal eine der populärsten Farben unter die Lupe unserer Betrachtung, nämlich braun. Es ist ein vielseitiger Begriff in der Farbentönung hinsichtlich der verschiedensten Abstufungen nach Helligkeit und Tiefe.

Wir kennen kalte und warme Farbtönungen. Blau oder dunkelgrün sind kalte — helles Rot, Lila, Gelb sind warme Farbtöne, die das Auge gern sieht. Bei den Papiertönungen haben wir mit anderen Begriffen zu rechnen als in der Textilmode. Ich erinnere dabei nur an die vielen Abstufungen der blauen Farbe. Dort sprechen wir auch von einem Pistolblau, Petrolgold bzw. von Goldhavanna. Unsere fachliche Farbenskala ist so gut sortiert und abwechslungsreich, daß wir uns mit den vorhandenen durchaus zufrieden geben können.

Wir kennen bei den Papierausstattungen braun getönte Papiere in hell- und dunkelbraun, auch mittelbraun ist ein Begriff, rehbraun, havanna — also tabakbraun — schokoladenbraun, kakaofarben. Erwähnen wir auch bei dieser Gelegenheit die verschiedenen Tönungen von lila, hell-, dunkel- bis zum bischofslila. Erika erfreut sich besonderer Beliebtheit nicht nur als Papiertönung, sondern auch als Modefarbe bei der zweibeinigen Erika.

Zarte Pastellfarben, wie z. B. lindgrün, moos, zartrosa, sandfarben werden stets bevorzugt. Giftgrün, meergrün liegen schon etwas abseits, weil wir, wie gesagt, auf die Lesbarkeit der schriftlichen Mitteilungen Rücksicht nehmen müssen.

Lassen wir es mit dieser kleinen Auslese aus der Welt der Farben genug sein und befriedigen wir unseren eigenen Farbensinn durch den Erwerb einer ausgefallenen Modefarbe als ein Glied in der Kette der Käufer dieser das Auge jedes Kulturmenschen erfreuenden Erzeugnisses unserer Papierausstattungswerke.

Die Ausstattung der Briefpapierpackungen

Wir sind heute daran gewöhnt, Briefpapiere nebst Hüllen in ansprechenden Packungen zu kaufen. Wie kaufanregend nehmen sich unsere derzeitigen Briefpapierpackungen aus, bei denen der Zweck, die Papiere und Umschläge vor Beschädigungen und nachteiligen äußeren Einflüssen zu schützen, erfüllt wird.

Es liegt nahe, daß auch dem Werbezweck bei dem Verkauf von Packungen Rechnung getragen wird, indem man die künstlerischen Erfordernisse der Zeit und dem Geschmack des Publikums die äußere Ausstattung anpaßt. Es lohnt sich auf jeden Fall, einmal die verschiedensten Ausstattungsarten bei der Herausgabe der Briefpapierpackungen zu betrachten, denn mit deren Herstellung wird immerhin ein Industriezweig beschäftigt.

Die Deckelstücke der Schachtelpackungen werden, um recht aufzutragen, vielfach wattiert und meist durch Prägung beschriftet, in Gold-, Weiß- oder Farbdruck, zum Teil wohl auch noch ornamental verziert. Die glatten Packungen eignen sich besonders als Behälter für glatte Papiere, zu denen die einst recht beliebten Sorten der Elfenbein-Papierpackungen gehören.

Je leuchtender und farbenprächtiger der Titel ist, in je gefälligerer Form er sich dem Beschauer zeigt, um so größeren Anklang dürfte das Erzeugnis beim kaufenden Publikum finden.

Daher sind die Goldtitel in wuchtigen Buchstaben vorherrschend, weil die glänzende, meist plastisch herausgeprägte Fläche die Aufmerksamkeit des Beschauers als Blickfang auf sich zieht.

Bei Verwendung vonTypendruck wird allerdings der Herstellerfirma angeraten, veraltete Schriften und Verzierungen durch *moderne* Typen und Schmuck zu ersetzen.

Im Buchdruckverfahren gibt es genügend neuzeitliche Schriftgarnituren. Die eine oder andere ließe sich durch die Übertragung auf Stempelgravuren zweifellos auch für die Beschriftung dienstbar machen. Dadurch könnte eine neue Note in der Ausstattung erzielt werden.

Wird der Titel nicht auf einer Schutzhülle aus Papier, sondern auf der Schachtel angebracht, erfordert dessen Aufbringung besondere Aufmerksamkeit. Nicht selten werden die Titel durch Reliefprägung noch besonders hervorgehoben.

Ein Graveur vermag in der Ausarbeitung der Zeichnung und des Schriftcharakters auf der Platte vielseitiges Können zu entfalten.

Die Ausstattungstechnik kann sehr wirkungsvoll durch die Prägung sein. Nicht steife, leblose Formen, sondern gerade die lebendige Darstellung, die eine geschulte, kundige Hand des Entwerfers voraussetzt, wird für das formgerechte Zusammenwirken von Ausstattung und Titelwahl ausschlaggebend sein.

Die Wahl der Schlagworte auf der Oberfläche der Packung ist nicht selten ein wesentlicher Faktor des Absatzerfolges. Was würden wohl die Käufer sagen, wenn sie auf einer Briefkassette mit rotem Überzug etwa den vielsagenden Titel „Lodernde Gluten" fänden? Sie würden sicher den Kopf schütteln.

Daher könnten wir uns in diesem Fall mit der Bezeichnung „Türkisch Rot" abfinden. Treffende Titel werden stets das Interesse der Käufer für ihre Erzeugnisse wecken. Sie sind von Werbewert und wirken verkaufsfördernd. Die werbewirksame Beschriftung der Handelserzeugnisse ist eine sehr wichtige Voraussetzung für den Absatz. Die richtige Wahl zu treffen, dazu gehört Fingerspitzengefühl und Sachkenntnis. Es gehört vor allem Phantasie dazu und schöpferischer Geist! — Wirksame Titel werden sich stets als zugkräftige Verkaufsmittel erweisen. Daher muß auf die Wahl wirkungssicherer Titel stets ein besonderer Wert gelegt werden. Zuweilen dürfte die Wahl der Aufschrift naheliegend sein. Es war das früher der Fall, wo das Deckelstück das Muster des Inhalts veranschaulichte, das auf dem Inhalt zugleich als Schmuck vertreten war.

Bei besserer Ausstattung fanden wir meist auf dem Deckelstück eine Wiederholung des Dessins, das auch den Inhalt zierte und diesem eine gewisse persönliche Note gab. Diese Darstellungen waren mannigfaltigster Art, wie Blumen, naturgetreu oder stilisiert, zuweilen auch unter Beigabe ornamentalen Schmuckes. Die Beziehungen der Blumen konnte als ein dankbares Motiv angesehen werden, sowohl als Eigenname als auch als sachliche Bezeichnung wie z. B. „Rosenstudien", „Feld- und Gartenblumen" oder „Frühlingsboten", „Aus Feld und Flur" u.a.m. Das waren Begriffe, die sinnfällig genug waren und keine großen Anforderungen stellten an das logische Denken.

Ähnlich naheliegend ist die Titelwahl für Tierfreunde, z. B. „Unsere Lieblinge", „Männe", „Kätzchen" u.a.m.

Bei Sportausstattungen werden wir sicherlich einen unmißverständlichen für die Sportbetätigung typischen Hinweis finden durch die Verwendung von entsprechenden Symbolen des Sports.

Der Tennisschläger neben dem unvermeidlichen Tennisball kennzeichnen als Motiv wirkungsvoll diesen Sport, ebenso wie die Wiedergabe eines Tores ein unverkennbares Motiv für den Fußballsport ist, womöglich noch unter Anbringung eines typischen Fußballes.

Diese Motive brauchen nur in diskreter Form angedeutet zu werden, also gewissermaßen nur skizziert. Sie lassen sich auch durch Buchdruck oder Lackprägung aufbringen. Im letzteren Falle wird die Wirkung durch diese technische Möglichkeit eine besonders gute und eindringliche sein.

Es gab einmal eine Briefpapiermode. Wie in der Mode der Damen, so ist auch unter dem Zwange der Zeit die Einfachheit Trumpf geworden — aber es gibt auch eine raffinierte Einfachheit, die teuer ist.

Wir erkennen sie schon an der Farbenstellung der Modefarben, wie taubenblau, azurblau und mandelgrün, ausgefallene Dinge in der Papierfarbe. So ausgefallen wie die Farbtönungen sind auch die Hüllen, die natürlich gefüttert sind, in denen die Briefe der Verehrung und der Liebe versandt werden.

Es ist stark rationalisiert worden. Auch im Ausstattungsgeschäft. Es werden vorwiegend nur glatte, d. h. nicht ausgestattete Papiere bevorzugt mit einfachem Deckeldecor.

Natürlich besteht auch heute noch Nachfrage nach Papieren mit verschiedensten Pressungen (Leinen, gehämmert u.a.m.). Der Käufer von heute sieht auf Einfachheit, er kauft nicht nur Ausstattungen, sondern er ist in seinen Ansprüchen einfacher und vor allem zweckvoller geworden durch die Zeit, die uns zur größeren Einfachheit erzogen hat.

Die Käufer wählen vorwiegend glatte Papiere in guter qualitativer Beschaffenheit und ansprechenden Formen. Die Hüllen zu den Briefbogen sollen dagegen ausgestattet sein mit Seidenpapierfutter in modernen Farben oder farbig dessiniert in hübschen, ansprechenden Mustern, da sie als private Mitteilungen von Haus zu Haus abweichen sollen von den monotonen DIN-Formaten im alltäglichen Geschäftsverkehr.

Private Briefe zwischen Frauen und Männern, zwischen Liebenden, Freunden und Bekannten sind von einer gewissen kulturellen Bedeutung in unserer Gegenwart. Die Wahl des Papiers — neben dem kultivierten Stil des Schreibers bzw. der Schreiberin — zeugt bereits von dem guten Geschmack des Absenders. Es ist seine Besuchskarte. Ein Sprichwort sagt: „Sage mir, mit wem du umgehst und ich werde dir sagen, wer du bist."

Man kann dieses Sprüchlein in diesem Falle abwandeln: „An der Wahl seines Briefpapiers wird man den Menschen erkennen."

Es ist durchaus nicht gleichgültig, worauf man seine Gedanken zu Papier bringt. Bitte, vergessen Sie das im Umgang mit unseren Zeitgenossen niemals!

Im persönlichen Umgang ist es die Kleidung, die bekanntlich „Leute macht". Im Schriftverkehr ist es das Papier, der Vermittler unserer Gedanken auf schriftlichem Wege, dem wir unsere inneren Gefühle und Regungen anvertrauen.

Unsere deutsche Feinpapierindustrie ist geradezu unerschöpflich in der Schaffung von immer neuen Mustern, die sowohl den größten und verwöhntesten Ansprüchen hinsichtlich Qualität des Stoffes als auch seiner farblichen Gestaltung genügen.
Die Luxuspapierindustrie mit ihren vielen Neuheiten ist saisonbedingt. Die Mode wechselt fast wie in der Textilindustrie. Die Entwicklung auf dem Gebiet der Briefpapier-Ausstattung ist einem immerwährenden Wechsel unterworfen. In jedem Jahr werden erlesene Neuheiten in reicher Auswahl angeboten. Die Ausstattung, die sich auf die Form der Packung, auf ihren Bezug, auf die Wahl des Titels und seiner technischen Ausstattung in verschiedenen Druck- und Prägeverfahren erstreckt, muß der jeweils herrschenden Geschmacksrichtung der Abnehmer angepaßt sein.
Die Hauptsache bei dem Erwerb einer Briefkassette ist aber in jedem Falle *ihr Inhalt.* Bogen, Umschläge sowie zuweilen einige Korrespondenzkarten „für eilige Fälle" sind ihr Inhalt. Die Hüllen werden zusammengehalten durch geschmackvoll gebundene weiße oder farbige Seidenbänder. Das Papier ist glatt, gepreßt, mit und ohne Wasserzeichen, zuweilen verziert durch gestrichene Ränder.
Die Formen sind abweichend von der Norm, also Luxusformat, je nach dem Geschmack des Schaffenden viereckig, rechteckig, bis zum Kleinfolio, in welch letzterem Falle für die Hüllen das sogenannte amerikanische Format verwandt wird, d. h. Längshüllen; die dazugehörigenden Bogen werden zweimal gefalzt.
Variatio delectat. Die Abwechslung entzückt.

Die Käufer von heute haben wieder ein gutes Geschmacksempfinden. Die Auswahl des Anzubietenden muß reichhaltig und abwechslungsreich sein.

Besonders die Ausstattung der Hüllen beachtet der Käufer glatter Papiere. Einfarbiger Innendruck ist schon fast „büromäßig" zu nennen. Es muß schon eine einfarbige, fein getönte Seidenpapierfütterung sein, die der Käufer erstehen will. Besser aber noch sind mehrfarbig dessinierte Muster, möglichst noch mit Golddecor ausgestattet.
Der Käufer von Briefausstattungen will an seinem Kauf in der Papierhandlung eine gewisse Freude haben oder mit seinem Erwerb eine solche spenden, denn vielfach wird eine Kassette für einen Geschenkzweck erworben, die immerhin eine gewisse persönliche Note haben soll.
Durch die Erscheinungen unserer Papierausstattungsfirmen zieht zwangsläufig eine moderne Note, die ihren treffenden Ausdruck findet in den immer wieder erscheinenden Neuschaffungen der auf diesem Gebiet führenden Firmen.
Für die Ausstattung stehen diesen sachkundige Künstler zur Verfügung, die es verstehen müssen, immer den richtigen Publikumsgeschmack zu treffen durch originelle Zeichnungen, durch Farbenwirkungen oder selbst durch schlagkräftige Titel, die in Beziehung stehen müssen zu der erwählten bildlichen Darstellung des Titelbildes.

Die Stilwirkungen müssen ständig durch Sach- und Fachkenntnis abgewandelt werden, um das Interesse des Publikums immer wieder aufs neue zu erregen und zu fesseln.

Farben und Formen wechseln wie unsere Frauen ihre Kleider. Das ist ein modisches Erfordernis. Es findet seinen besonderen Ausdruck in der Wahl der Papierfarben, die angeboten werden. Das Publikum will eine Auswahl sehen in den verschiedensten Tönungen, bevorzugt aber werden lichte Farbtönungen.

Unter den Käufern dürften die Damen tonangebend sein. Sie haben Geschmack in modischen Dingen, sie sind „farbenempfindsam", haben meist einen ausgesprochenen Farbensinn und ein Empfinden für das Schöne des Werkstückes selbst in der Wahl eines solchen kleinen Artikels, wie es eine Briefschachtel ist.

Die Papierqualität, also die Oberflächenstruktur und der Griff des Papiers sowie vor allem die *Farbtöne* müssen die Käufer ansprechen.

Darum sollen die äußeren Formen der Packungen besonders reizvoll und die Ausstattung elegant sein.

Auch Frauen verstehen etwas von „echtem Zerkall-Büttenpapier". Sie wissen sehr genau, was „ihm" gefällt für den Geburtstags- oder den Weihnachtstisch. Sie haben eben den richtigen Instinkt des Käufers für das Zweckmäßige und zugleich das Schöne.

Die zweckdienlichste Farbe des Papiers wird die Grundtönung, „nach ewigen, ehernen Gesetzen" nämlich *weiß*, sein und bleiben. Weiße Briefpapiere und ihre Hüllen gewinnen durch farbige Ausstattung. Die Möglichkeit hierzu ist der farbig gestrichene Rand in allen möglichen Modefarben: gold, braun, grün, blau u. a.

Es wäre eine Geistesarmut, wollte sich die Industrie aber nur auf diese rein äußerliche Veredelung beschränken.

Diesem Umstand hat die Papiermacherei sinngemäß Rechnung getragen durch die Schaffung modefarbiger Papiere in großer Verschiedenheit und Abwechslung hinsichtlich der Tönung des Papiers in der Stoffärbung.

Wir besitzen von den edelsten Papiersorten, dem hand- und maschinengearbeiteten Büttenpapier, nicht nur weiße Sorten, sondern auch blau- oder gelblich getönte mit und ohne Wasserzeichen.

Die Farben des Regenbogens, also die Spektralfarben, sind bereits voll ausgeschöpft in der Farbenskala der Papiertönungen. Darin liegt ein besonderer Anreiz zum Kauf. Der Farbenreiz der Grundtönung wirkt wie bei hochwertigen Vielfarbendrucken durch den Zusammenklang einer Sinfonie von Farben, geschaffen durch den geistig erleuchteten Künstlersinn. Nur ist in diesem Falle eine einzige Farbe herausgelöst aus der großen Palette, die durch ihren intimen Reiz auf das Auge des Beschauers wirken und diesen zum Kauf anregen soll.

Durch nachträgliche Veredelung mittels einer Pressung (Gauffrage) kann die Wirksamkeit noch gesteigert werden, wie z. B. durch eine Leinenpressung oder selbst durch Maserung oder Aufpressen pflanzlicher Motive (Steinfarne). Auch die gehämmerten Papiere seien erwähnt.

Immer aber ist für die Wirkung für das Auge des Beschauers ausschlaggebend der Grundton der Stoffärbung. Natürlich wird dieser vorwiegend licht gehalten sein müssen, schon um darauf die handschriftliche Benutzung nicht illusorisch zu machen.

Die früher einmal in Mode gewesenen dunklen Tönungen der Papiere mußten mit farbigen Tinten beschriftet werden. Das war aber nur eine kurze Mode, die nicht von Bestand war. Nur die *praktische* Nutzbarmachung mit den altbewährten Mitteln hat sich durchgesetzt.

Graphit, rauchblau und graubraune Tönung des Papiers erforderten Beschriftung mit farbigen Tinten, während staubfarben, ein diskretes Mittelding zwischen grau und beige, schon mit normaler Tinte beschreibbar ist.

Nun zu den Farben der Papiere als Beute für unsere Füllfederhalter oder Kugelschreiber.

Zartes mittelbeige, bräunlich getönt, rehbraun oder lichtblau sind Farben, die sich allgemeiner Beliebtheit erfreuen. Sie lassen sich für den Aufdruck des Namens des Absenders und seiner Anschrift bedrucken, und zwar beige (chamois) mit brauner, blaugetönte Papiere mit kräftiger blauer oder roter Farbe.

Sie müssen aber nicht unbedingt bedruckt werden, sie lassen sich durch nachträgliche Prägung veredeln. Für jeden Geschmack ist vorgesorgt.

Es gibt leicht getönte oder auch lebhafte Farben wie oliv, russisch-grün, distelgrün, granat, rubin und englisch-rot. Bevorzugt werden indessen gedämpfte, ruhigere Farben wie beispielsweise hellbraune Töne, gelb, azur moos, sandfarben, auch sattere, lebhaftere Farben wie olivgrün, entenblau, flieder, kupfer finden immer ihre Liebhaber.

Warme Farbtöne werden erfahrungsgemäß stets bevorzugt. Es werden also sinngemäß die warmen und lichten Farbtönungen am meisten bei den Käufern ansprechen.

Es gibt, wie gesagt, eine unendliche Fülle von Farben in der Produktionsskala unserer Feinpapierfabriken als ein Beweis deutschen Könnens und handwerklichen Fleißes.

Nicht wegzudenken in der Reihe der Feinpapiere sind die Pergamentpapiere (parchment-paper), die besonders von den Herren bevorzugt werden, obwohl diese Papiere einen gewissen Amtscharakter haben. Sie sind klanghart und griffig. Zweifellos sind sie in der Wirkung sehr vornehm und demzufolge sehr beliebt bei den Käufern.

Es ist ein Ergebnis der Verkaufspsychologie, daß Briefpapierpackungen für Damen dann besonders verkaufsfördernd sind, wenn sie mit Papieren in zarten Farbtönungen beschickt sind.

Wie es zu Großmutters Zeiten eine Briefmarkensprache gab — ihre Lösung soll in der Stellung der aufgeklebten Marken gelegen haben —, so hat die Wahl der Papierfarbe zuweilen eine symbolische Bedeutung.

Bekanntlich gilt blau als die Farbe der Treue, rot als die der Liebe, grün ist das Symbol der Hoffnung — „Ach, daß sie ewig grünen bliebe..." — und weiß ist das Aushängeschild für die Unschuld.

Gerade unsere Papierindustrie muß ihre Erzeugnisse den Wünschen und der Psyche der Käuferkreise in ihren Erzeugnissen weitgehend anzupassen verstehen. In dieser Erfüllung allein liegt der Schlüssel zum Erfolg mit Bezug auf den Absatz der Produktion.

Briefmappen

Die Abwandlung der Papierausstattung, von der Briefkassette zur Briefmappe

Als der unseligste und unsinnigste aller Kriege im Mai 1945 zu Ende ging, dauerte es gar nicht zu lange, als im Straßenbild die wilden Händler auftauchten, um die Erzeugnisse der Papierindustrie gewissermaßen als eine Aufrüstung aus den Abfall- und Makulaturbeständen anzubieten. Notizblocks tauchten auf, um dem fühlbaren Mangel an Schreibmöglichkeit zu beheben. Sie waren rückseitig meist flächig bedruckt, „Affichen", mit denen einmal in besseren Zeiten die Litfassäulen tapeziert waren.

Die Formate wuchsen allmählich mit dem „wirtschaftlichen Aufstieg", nachdem sich langsam aber sicher die unbesiegbare deutsche Initiative durchsetzte und an die Oberfläche kam aus dem Sumpf, in dem sie durch die politischen Ereignisse zu versinken drohte.

Es gab Schreibblöcke im DIN A 5-Format, meist jedoch war das Papier minderwertig, aber hie und da tauchten bereits schreibfähigere Qualitätspapiere auf, allerdings in Formaten, wie sie vor dem Kriege unverkäuflich in den Winkeln der verarbeitenden Industrie ein Dornröschendasein fristeten.

Während bei Aufkommen der Papierausstattungen Bogen und Umschläge in Päckchen, zum Teil wohl auch in größeren Mengen von den Großhandlungen in Schachtelpackungen abgegeben wurden, entstand durch die Verschmelzung mit der Kartonagenindustrie ein völlig neuer Industriezweig. Man nannte ihn die „Papierausstattung", oder auch „Papierkonfektion".

Die konfektionierten Briefpapiere hatten dadurch ihre Geburtsstunde. Das war nach Kriegsende eine etwas wehmütige Rückerinnerung, wenn wir daran dachten, daß es damals für diese Zwecke weder Pappen für die Kartons, kein Überzugspapier für das Beziehen der äußeren Ausstattung, noch zum Füllen Briefpapiere oder gar Umschläge, und für das Binden keine Seidenschleifen gab.

Wo sollten die Ausstattungsfirmen schließlich auch das Papier zum Füllen und woher die Planobogen hernehmen, aus denen sie sich Umschläge nach entsprechend langer Wartezeit auf den wenigen notdürftig hergerichteten Briefumschlagmaschinen herstellen lassen konnten.

Die Lager waren erschöpft und der Nachschub völlig ins Stocken geraten.

Früher war einmal die billigste Packung mit fünf Bogen und ebenso vielen Umschlägen eine bekannte Erscheinung, auch sie wurden bereits zum Teil in hübschen farbig bedruckten Umschlägen geliefert.

Es gab für die kleinen Freuden des Alltags unter diesen billigen Packungen trotz der geradezu verblüffenden Vereinfachung für die äußere Ausgestaltung zum Zwecke des Kaufanreizes immerhin ganz ansprechende Muster. Wir durften natürlich mit Bezug auf die Ausstattung nicht unsere Vorkriegsansprüche stellen, die bestimmt recht hochgeschraubt waren. Was wir damals für unser gutes Geld erstehen konnten, das hatte immerhin Hand und Fuß.

Auch qualitativ genügte der Stoff den Ansprüchen des bescheiden gewordenen Käufers. Mit einer gewissen Melancholie dachten wir an die Zeiten zurück, als gerade die Briefpapier-Packungen hinsichtlich ihrer künstlerischen Ausstattung auch mit Bezug auf die gebotene Qualität in Form und Farben in vorderster Reihe lagen.

Wir erinnern uns noch an den bekannten Reklamevers: „Schreibste mir — schreibste ihr, schreibste auf M-K-Papier.“

Wir haben alle gern darauf geschrieben. Im Kriege war es zwar bezugsbeschränkt, aber jetzt ist es schon lange wieder zu haben.

Das Briefpapier in Verbindung mit den dazugehörigen Umschlägen ist heute kein Engpaß mehr im Schreibwarenhandel.

In den einschlägigen Papierhandlungen finden wir neben der kleinen Packung erfreulicherweise auch wieder die früher schon so beliebten Briefmappen in sehr gefälliger Aufmachung.

Eine wohldurchdachte Aufmachung der äußeren Ausstattung der Mappen und ihre Einteilung für die Bogen und Umschläge sorgt dafür, daß das Auge des Käufers an den zu erwerbenden Gegenständen hinsichtlich der geschmackvollen äußeren Aufmachung Gefallen findet.

Die werbewirksame Aufmachung in Verbindung mit der qualitativen Beschaffenheit bürgt dem Käufer dafür, daß er etwas für sein Geld erhält, dessen Erwerb ein ästhetisches Vergnügen bereitet, von der äußeren Werbung angefangen bis zur Benutzung des letzten Bogens und Umschlages.

Wer nicht viel Geld anlegen will bzw. kann für die Erzeugnisse der Papierausstattung in ihrer gefälligen Form als Briefkassette, der kann heute sehr gefällig ausgestattete Mappen erstehen, die den Käuferansprüchen des einfachen sowie in dieser Beziehung verwöhnten Erwerbers in jeder Beziehung entsprechen. Ben Akiba hat recht: „Es ist alles schon dagewesen." Das gilt auch für die Sonderklasse der werbewirksamen Erzeugnisse der Verpackungsindustrie. Briefmappen sind wieder ein umsatzfördernder Verkaufsartikel.

Freuen wir uns daher der fortschreitenden Besserung auch auf dem Gebiete dieser für uns unentbehrlichen Handelserzeugnisse. Es geht wieder aufwärts!

Die Ausstattungsindustrie erfüllt wieder jeden Anspruch an Qualität des Papiers sowie einer gefälligen Aufmachung.

Die kleine Auswahl geschmackvoller Mappenpackungen, die im Anhang dieses Buches wiedergegeben sind (Tafel II) zeugt von der Zweckmäßigkeit dieses Artikels und dessen formschöner Aufmachung.

Wir haben wieder eine ganze Anzahl von Ausstattungsfirmen, die miteinander wetteifern, um gefällige Mappenpackungen für ihre Käufer bereitzustellen. Die Erfahrung hat es gelehrt, daß die Bemühungen ihrer Hersteller lohnend sind, diesen Verkaufsartikel zu fördern.

IV. Kapitel

Die Gestaltung ideenreicher und werbewirksamer Erzeugnisse der schmückenden Industrie

Die künstlerische Ausstattung der Papierwarenerzeugnisse

(Die Motive zur jahreszeitlichen Auswertung)

Wer behauptet, daß die Industrie nur schafft, um den Anforderungen des täglichen Lebens zu genügen, ohne eine gewisse logische Voraussetzung, der irrt sich. Der Industrielle hat auch ideelle Ziele im Auge, die zu erreichen er sich bemüht. Wenn er selbst unter dem Einfluß der Kunstströmungen steht, von denen er sein Schaffen inspirieren läßt, dann wird auch das, was seinem schöpferischen Geiste entspringt, einen durchaus künstlerischen Charakter tragen und das Verständnis für die Schwingungen des nach Befreiung von den Fesseln des Alltagsgeschmacks ringenden Geistes fördern helfen.

Zumindest muß er es verstehen, den Mitschaffenden seine Ideen zu inspirieren, um auf diese Weise etwas Ersprießliches vorzubereiten, was bei den Abnehmern Anklang findet.

Ohne Einschlag des Persönlichen, des geschulten Künstlerblickes, würde die Kunst in ihren Ausdrucksmitteln verarmen. Das Leitmotiv unseres Lebens sollte die Kunst sein, dann würden wir auch mit klarem Blick die ganze große und erhabene Schönheit der Schöpfungen unserer Künstler, die durch eine besondere Befähigung hierzu berufen sind, empfinden und auf uns wirken lassen.

Wir vermögen häufig die Entstehung der Idee aus dem Empfinden des Volkslebens zu erkennen bei der Wahl der Motive insbesondere für die saisonmäßige Produktion zu den großen Festen der Christenheit. Dabei können wir feststellen, in wie hohem Maße die Empfindungen und Auffassungen der christlichen Festzeiten ihren Einfluß zeigen, um die Erzeugung eines ganzen Industriezweiges motivlich zu beeinflussen, und diese Ausdrucksmöglichkeit dem Volksempfinden anzupassen.

Es ist wichtig genug und zugleich interessant, einmal das Wesen solcher ausgelösten Stimmungen zu ergründen. Der Ausführung eines Gedankens zur Vervielfältigung muß zunächst eine Idee zugrunde liegen, die einem zündenden Funken gleicht. Diejenigen, die berufen sind, auf dem Gebiete zur Schaffung ständig neuer Handelsartikel zu wirken, sie verstehen es, routinemäßig die Motive auszuwirken zu immer wieder neuen Zusammenstellungen.

Wo nimmt nun der Schaffende die Vorlagen und die Anregungen her, die ihm für seine weiteren Arbeiten als geistige Unterlage dienen? Diese Frage hat wohl jeder Betrachter unwillkürlich auf den Lippen.

Wie sich im Leben der stets gleichbleibende Kreislauf der Dinge mit unfehlbarer Sicherheit wiederholt, so ist es auch mit den Erzeugnissen des Handels mit Bezug auf ihre Ausstattung. Vieles, was erscheint, trägt meist schon den Stempel des Bekannten. Das ist aber nicht ausnahmslos der Fall. Es hieße den Geist unserer Künstler verächtlich machen, wenn man behaupten wollte, es wäre ein vollkommener Stillstand auf der ganzen Linie in der künstlerischen produktiven Erzeugung eingetreten.

Wo eine Anlehnung an das schon Dagewesene nicht mehr erfolgt, da kehrt dann der Mensch zurück zu den unerschöpflichen Quellen der Natur, aus denen immer wieder neue Kraft zum Schaffen sprudelt.

„Die Natur ist aller Künste Meister." Sie wirft ihre Schönheiten zwar nicht selbst auf die Leinwand. Bei ihrer Betrachtung ist für uns Schauende alles Kunst, ein Aufgehen in den tiefen Born ihres Seins. Der gestaltende Mensch versteht es wiederum meisterlich, ihre Schönheiten nachzubilden, da er die Ausströmungen empfindet von Kunst und Schönheit, die von ihr unmerklich ausgehen und ihn wieder zu neuem Schaffen in der Nachgestaltung anregen. Kaum eine andere Industrie kann ihre Erzeugnisse so dem Empfinden für das Schöne in der Darstellung anpassen wie die Papierindustrie mit ihren nicht nur in der Nachbildung der Motive, sondern auch durch eigene blühende Phantasie entstehenden Neuheiten, die sich periodisch wiederholen, die mit jeder Jahreszeit wechseln und mit jedem Fest immer wieder ein anderes Gewand anlegen.

Wir wissen, wie vielseitig diese Industrie ist in der Bereitstellung unendlich vieler Bedarfsartikel. Es ist zweifellos interessant, einmal in den Zauberspiegel der Natur hineinzuschauen, um alle die Reize und Stimmungen, welche ein hohes Fest der Kulturwelt in dem denkenden Menschen auslöst, und dabei zu erkennen, wie er sie in den Auswertungen seiner nachgebildeten Darstellungen einfängt und widerspiegelt.

Der geistig erleuchtete Künstlersinn des farbig schaffenden und darstellenden Künstlers versteht es immer wieder, neue Motive zu ersinnen und nicht nur aus Vorhandenem zu schaffen, sondern aus dem unerschöpflichen Born seines Könnens immer wieder neue Motive farbig zu gestalten und neue Zusammenstellungen zu formen, um dadurch den Erzeugnissen der Luxuspapierindustrie zu verkaufsfördernden Handelsartikeln den Weg zu ebnen.

Neben der Berücksichtigung der Kundenansprüche an eine gefällige und wirksame Gestaltung durch die Ausstattung müssen die Erzeugnisse stets einfallsreiche Ideen erkennen lassen, um werbewirksam und doch zugleich auch absatzfördernd zu sein. Kundenwerbend auf den Beschauer zu wirken durch die angebotene Ware ist stets das erste Erfordernis bei der Schaffung von Neuheiten. Das ist eine alte Binsenweisheit, wie die, daß auch die Verpackung eine suggestive Wirkung ausüben muß, wie beispielsweise ein Buchtitel den Käufer reizt, das Buch selbst zu kaufen, ohne daß er vorher die Tendenz des Inhalts kennt.

Die werbewirksame Verpackung reizt stets zum Kauf des Inhalts, der zunächst einmal für den Käufer von sekundärer Bedeutung ist.

Die Wahl der Motive und ihre Bereitstellung ist eine logische Voraussetzung für den Geschäftserfolg. Sie ist ebenso wichtig wie die sinngemäße Beschriftung der Motive.

Auch hier muß immer wieder einmal etwas Neues, Packendes über die vom Alltag abgegriffenen Schlagzeilen wie zu Urgroßmutters Zeiten hinaus Wirksames erdacht und erstellt werden.

Motive und Beschriftung müssen in einer gewissen Übereinstimmung zueinander stehen. Beide müssen sie den Käufer ansprechen „Kaufe mich". Damit ist dann der Zweck der Neuheitenherausgabe erfüllt, denn schließlich arbeiten wir alle — Hersteller und Verbraucher — nicht nur um zu arbeiten, sondern um zu verdienen durch unserer Hände Werk.

Betrachten wir einmal die Motive, die wir auf den Post- und Glückwunschkarten finden, die immer wieder andere Darstellungen bringen müssen, um bei den Kunden das Interesse zu wecken, sie zu den verschiedensten Anlässen zu kaufen, sei es zum Geburtstag eines lieben Menschen, zu den christlichen Festzeiten oder auch zu neutralen Anlässen, sich auf einer Ansichtskarte, besser klingt wohl Genrekarte, „seine Ansicht" zu sagen.

Wir sehen auf den bildlichen Darstellungen, wie der knospende Frühling neues Leben verheißt und finden immer wieder die Symbole christlicher Anschauungen in der Darstellung der Wiedergabe des sakralen Mythos, insbesondere bei den Weihnachtskarten.

Neuerdings sollen kirchlicherseits Bestrebungen im Gange sein, diese Darstellungen einzudämmen, weil durch die Überproduktion das Religiöse in den reproduzierten Darstellungen zu stark verflacht worden ist.

Immer wieder aber ist ausschlaggebend, für die Schaffung und die Deckung der Nachfrage die periodische Wiederkehr der kirchlichen Feste und die der Familie. Auch jahreszeitlich tragen die Motive diesem Umstand Rechnung.

Im Frühling werden wir das erste knospende Grün, das Erwachen der Natur zu neuem Leben, dargestellt finden. Blühende Haselnußzweige nud Weidenkätzchen in kaum noch vorstellbarer Abwandlung der Darstellung. Schneeglöckchen läuten den Frühling ein. Vergessen wir dabei nicht die leuchtenden Farben des Krokus, gelb und blau, die Anemonen und auch die anderen Blüher und Künder des Frühlings, Primeln, Forsythien, Fresien und die blühenden Kastanien. Es folgen die Tulpendarstellungen in ihrer unerschöpflichen Farbenpracht, die dann wieder abgelöst werden von den vielfältigen Blühern auf der farbenreichen Platte des Sommers.

Ostern verkünden die Glocken auf den Motivbildern. „Christ ist erstanden." So tönt es in unhörbarem Geläut durch die Lande. Die gelben Osterglocken dominieren unter den dargestellten Motiven, auch sie läuten den Frühling ein. „Fröhliche" oder „Gesegnete Ostern" bringen in Buch- oder dem wirksamen Prägedruck neben den motivlichen Darstellungen den Zweck der Karte dem Empfänger als stummen Gruß dar.

Die Kücken aber auf den Osterkarten, sie kommen alle Jahre wieder wie das Christkind als Weihnachtsmotiv. Ebenso ist der Osterhase vertreten, der bunte Eier legt, obwohl es kaum noch einen Dreikäsehoch gibt, der an diese Realität glaubt.

„Pfingsten, das liebliche Fest, ist gekommen." Es kündet schon eine wärmere Jahreszeit an und verlangt auch entsprechend wärmere Farbenklänge, Ausflugsmotive, Birkenzweige in saftigem Grün und nicht zu vergessen in Verbindung damit der unverwüstliche Maikäfer. Das alles ergibt den Grundakkord für die Pfingstkarten.

Soweit es sich um wirklich künstlerische Karten handelt, ist ja nichts einzuwenden, aber ist es denn nicht möglich, uns endlich von den Glimmerkarten, Engeln, Zwergen, Rehen und dergleichen aus Großmutters Tagen zu befreien? Diese Karten mit den immer wiederkehrenden Sujets sagen zwar einer kritiklosen Käuferschicht zu, aber vom künstlerischen und kulturellen Standpunkt aus sind sie abzulehnen. Es ist eine alte Erfahrung, daß diese Karten das Geld bringen, aber sollte es nicht doch einmal einen wagemutigen Unternehmer geben, der in noch breiterem Maße Künstler beauftragt, damit sich das Niveau auch in der Postkartenindustrie noch mehr hebt? Zwar liegen die Entwurfskosten etwas höher, aber gemessen an dem Gewinn, den die großen Auflagen einbringen, sind sie wohl verschwindend klein*).

Immer wieder dasselbe und doch nicht das gleiche Motiv, denn unsere Künstler sind in neuen Darstellungen scheinbar unerschöpflich, wie die Natur es ja in Wirklichkeit auch ist in ihrer Motivfülle. Auch sie erneuert sich ständig, und, obwohl es alle Jahre dasselbe Bild ist, zeigt es sich uns doch in neuem Kleide, immer wieder reizvoll wie die Schöpfung ist und bleiben wird von nun an bis in Ewigkeit.

---

*) Dieser Abschnitt wurde entnommen einem Beitrag über „Gebrauchsdrucksachen kritisch betrachtet" von Rudolf Dörwald, veröffentlicht in der Zeitschrift „Deutscher Drucker", Berlin-Lichterfelde-West, Heft 1, 1955. Die Tendenz deckt sich durchaus mit den Ansichten des Verfassers dieses Buches.

„Die unbegreiflich hohen Werke sind herrlich wie am ersten Tag ..."

Im Laufe der Jahre ist so manches anheimelnde Motiv aus vergangenen Tagen verklungen, wie z. B. die früher so beliebten Kremserfahrten mit ihrem drum und dran, den Trabern vor dem Wagen, dem Achtelchen Bier hinten dran baumelnd und manchen anderen Dingen mehr, die noch in dankbarer Erinnerung unserer „älteren Jahrgänge" fortlebt.

Weihnachten, das „Fest der Liebe" für jung und alt, bietet wohl die dankbarsten Motive zur Darstellung für Reproduktionszwecke: Tannenzweige mit oder ohne Lametta behangen, mit und ohne farbigen Lichtern (als Christbaumschmucksymbol), mit oder ohne farbige Glaskugeln, vielfach noch mit den roten Hollybeeren geschmückt, das sind die ständig wiederkehrenden Abwandlungen der Weihnachtsmotive.

Vergessen wir dabei auch nicht die bei uns weniger bedeutsame Mistel zu erwähnen, die allerdings bei uns nicht die Bedeutung hat wie beispielsweise für unsere Vettern jenseits des Kanals.

Natürlich finden wir auch die Andeutungen der sakralen Motive — die Jungfrau Maria mit dem Jesuskind in der Krippe, die heilige Familie, die anbetenden drei Könige aus dem Morgenlande. Unerschöpflich ist das aufklingende Weihnachtsmotto auf der Palette des Künstlers.

Nur noch verhältnismäßig wenig finden wir derzeitig die vielfarbigen geprägten und gestanzten Weihnachtskrippen mit ihren morgenländischen Motiven. Bei deren Wahl geht eine gewisse Unlogik zuweilen doch etwas über das Ziel der Wirklichkeit hinaus. Man hat nämlich das Dach des Stalles von Bethlehem gern mit Glimmer überzogen. Dadurch sollte das winterliche Motiv besonders stark betont werden, obwohl Schnee im Morgenlande paradox ist.

Das alte Leitmotiv „Friede auf Erden" und „Ehre sei Gott in der Höhe" war und ist auch heute noch dominierend in der Motivgestaltung für die weihnachtlichen Erzeugnisse, insbesondere der Postkarten. Bei der Nachfrage dürfte diesem Publikumswunsche in vollem Ausmaße Rechnung getragen werden.

Ich glaube, daß dieses dritte der christlichen Feste wohl den größten finanziellen Nutzen bringt durch den Absatz der für diesen Zweck geschaffenen Verkaufsartikel der mannigfachsten Art, wie z. B. die oben erwähnten Postkarten, Wunschbogen für Kinder, Anhänger, Tischkarten u.a.m. Wenn auch gewisse Artikel, wie z. B. Weihnachtskrippen, Modellbogen zum Ausschneiden oder fertig montiert, in ihrer Absatzmöglichkeit wenigstens im Inlande stark nachgelassen haben dürften, so besteht doch immer noch der Export der Heiligenbilder nach den romanischen Ländern.

So ein bißchen materieller Erfolg wird immer noch verknüpft sein mit den großen Ideen des Christentums und seinen Niederschlag finden in den Erzeugnissen der farbig schaffenden Industrie.

Glückwunschkarten

(Motive und Gestaltung)

Einer der größten Erfolgschlager der deutschen Luxuspapierfabrikation bis zum Kriegsende war die Glückwunschkarte in ihren unendlichen Spielarten gemäß ihrer Bestimmung als Glückwunsch zu den christlichen Festen der Kirche, sowie des Hauses und der Familie.

Die grüne Hochzeit mit ihrem Myrthensymbol, den Ringen zum Zeichen der ehelichen Verbindung nebst sonstigem Beiwerk aus Amors Schmiede, das alles ist uns noch so geläufig, als hätten wir uns ihrer erst vorgestern bedient.

Die Weidenkätzchen und Schneeglöckchen zum Osterfest, der Zweig mit den ersten frischen Birkenblättern zu Pfingsten und die vielen Motive zu Weihnachten stehen uns allen noch sehr lebhaft vor Augen. Nicht nur der Frühling und der Sommer, vor allem jedoch der Winter mit seinen landschaftlichen Reizen und unendlicher Fülle und Abwechslung in der Darstellung landschaftlicher Motive wirkte befruchtend auf die Phantasie unserer schaffenden Künstler, die geradezu unerschöpflich waren in der Schaffung immer wieder neuer reizvoller Darstellungen für die Erzeugnisse unserer Industrie, die sie dann in Farben und Formaten umgestalteten zu den unendlich vielen Karten für besondere Gelegenheiten.

Die geschickte Auswahl der Beschriftung als Glückwunschkarten für jegliche Zwecke drückte ihnen den Stempel ihrer eigentlichen Zweckbestimmung auf, und wir brauchen keine geistige Anstrengung aufzubieten, um uns bei unseren Freunden, Verwandten und Bekannten zu jeder passenden Gelegenheit in empfehlende Erinnerung zu bringen. Wir brauchten nur das Datum und den Namen auf den Karten einzutragen, und nach Ausfertigung der Anschrift auf dem Umschlag war diese belästigende Mehrbelastung unseres eigentlichen Arbeitspensums als erschwerende Bürde des Tages von uns genommen, um dann nach getaner Arbeit die wohlverdiente Zigarre in Brand zu setzen.

Der Krieg hatte die großen Vorräte unserer Verlagsanstalten mit einem Schlage „ausverkauft". Ein Wort, das sonst einen guten Klang hatte für den Fabrikanten, ihn mit einem Schlage jedoch buchstäblich zu einem armen Mann gemacht hat. Da sei an die beliebte und banale Aufschrift der schwarzumränderten Karten erinnert: „Um stilles Beileid wird gebeten."

Zunächst einmal zehrten die Fabrikanten vorübergehend von den geringen Vorräten, die ein gütiges Geschick vor der gänzlichen Zerstörung bewahrte, dann aber mußten sie wohl wieder einmal neu anfangen, wenn auch bescheiden zwar im Beginnen. Der *Karton* war zunächst noch knapp und teuer, und die Kapazität der Druckereien reichte noch nicht zu einer sogenannten Friedensproduktion, auch wenn der Absatzmarkt aufnahmefähig war für beträchtliche Mengen.

Soweit für geprägte Glückwunschkarten die Maschinen wieder in Gang gesetzt werden sollten, wurde wahllos auf noch erhaltene Kartonposten zurückgegriffen. Es wurde sogar minderwertiger, getönter Karteikarton verwendet. Aber zu jener Zeit war die Nachfrage enorm, der wirtschaftliche Aufschwung, ausgelöst durch die Währungsreform, stand noch bevor. Irgendwo fanden sich auch alte Stahlstempel, die in vorhandener Form verwendet wurden. Viele verantwortungsbewußte Produzenten begannen aber auch damals schon, eine neue Richtung einzuschlagen, indem sie veraltete Gravuren von den Stahlblöcken abhobeln ließen und den Stahl neu verwendeten. Gold- oder Silberbronze waren unerreichbar. Daher wurde mit mehr oder minder geeigneten Farben und Ersatzlacken geprägt. So manche Gravur wurde durch sandhaltige Farben zerkratzt und unbrauchbar. Trotzdem hat sich aus diesem Neuanfang wieder eine beachtliche Produktion entwickelt.

Bei der Besichtigung einer Auslage in einem Berliner Schreibwarengeschäft fiel mir zu jener Zeit der neuen Morgenröte eine neue Art von Glückwunschkarten auf, die ich hier einmal aus fachlichem Interesse näher beschreiben möchte:

Die Karte vereinigte das beschriftete Bildmotiv mit der Form der schriftlichen Mitteilung in der Aufmachung eines Faltbriefes.

Diese Kartenserie war auf der ersten Seite mit sehr ansprechenden Motiven ausgestaltet (zartfarbene Blumen in Vasen und Wintermotive in Pastellfarben), und hatten auf der letzten Umschlagseite eine kleine, ebenfalls in Form und Farbe dezent gehaltene Vignette.

Der Untergrund der ersten und vierten Seite war leicht getönt und durch nicht auffällig wirkende Streifen unterbrochen, die diese Fläche aufteilten in Quadrate und Diagonale.

Es war dies eine der ersten ansprechend aufgemachten Glückwunschkarten für den Massenverbrauch in der Nachkriegszeit und der Zeit der künstlerischen Stagnation, die ein bekannter, früher schon sehr bedeutender Berliner graphischer Großbetrieb herausgebracht hat, der inzwischen ein Opfer des wirtschaftlichen Niederganges geworden ist. Die Karten waren auf griffigem Chromopapier gedruckt, die Umschläge dazu aus dem gleichen Papier gefertigt worden. Das Format war geschlossen etwa 10,5×12 cm, also fast viereckig. Offen waren die Karten etwa 21×24 cm im Format und Zweibruch auf Mitte gefalzt. Der Kostenpunkt betrug 50 Pfennig für das Stück im Einzelhandelsverkauf. Dieser Preis erschien für damalige Verhältnisse durchaus tragbar für solch eine ansprechende Motivkarte, die zugleich das Angenehme mit dem Nützlichen verband, indem sie das knapp gewordene Briefpapier nebst Umschlag in sich vereinigte für Leute, die ein größeres Mitteilungsbedürfnis hatten, als nur ihren Namen als Absender auf die Karte zu setzen.

Neben Glückwunschmotiven fanden sich auch Ansichten und Stadtwappen auf jenen Faltbriefen. Diese Verquickung zwischen Glückwunschkarte und Brief mag wohl unter dem Einfluß ausländischer Besatzung — vor allem der Amerikaner — bei uns als Ersatz für die seiner Zeit nicht zugelassenen Ansichtskarten entstanden sein. Die englisch-amerikanische Welt hat auf dem Gebiet der Faltkarten schon früher Pionierarbeit geleistet, und wir kennen die weiterentwickelten Erzeugnisse mit ausgestanzten, beweglichen Einzelteilen. Dabei ist interessant, daß auch deutsche Firmen jetzt in erheblichem Umfang diese „Greeting Cards" für den englisch-amerikanischen Markt herstellen. Das deutsche Publikum erweist sich als konservativ. Es greift heute wieder nach seiner altvertrauten Glückwunschkarte, die als „Produkt der Mode" ihr Gesicht stetig abwandelt und durch ihre Gestaltung dem Versender einer solchen Karte das Gefühl gibt, ein künstlerisches Angebinde übermittelt zu haben.

Wir sollten uns bei dem wieder Ingangkommen der Produktion vor allem bei der Schaffung von Neuheiten vor dem Wiederauftauchen des Kitsches hüten, der, solange wir noch keinen Materialmangel kannten, als ein Auswuchs der Überproduktion unseligen Gedenkens, bei der Schaffung von Neuheiten eine zwangsläufige Erscheinung war.

Wir sollten lieber weniger herausbringen, dafür aber „kleine Kunstwerke" schaffen.

Wo die vielfarbigen Klischees und die Erfordernisse ihrer Produktion zu kostspielig sind, könnte meines Erachtens mit Erfolg auf die manuelle Technik des Kolorits etwas mehr als früher zurückgegriffen werden, das, wenn auch nicht gerade billig, dafür aber maltechnisch, also mit Bezug auf den Farbenreiz, zweckmäßig in der Anwendung ist und sehr schöne Wirkungen ermöglicht, bei denen die künstlerische Note gewahrt bleiben würde gegenüber den oft schlechten Vielfarbendrucken der Vorkriegszeit.

Auch der sich immer mehr vervollkommnende Siebdruck hat im Glückwunschkartengewerbe Einzug gehalten. Er ermöglicht bei seinem plastischen Farbauftrag nicht nur auf Karten, sondern auch auf Kunststoffen, Textilien und Metallfolien neuartige Effekte, und es wird eine dankbare Aufgabe für den Künstler sein, hier lenkend einzugreifen und geschmacklich Hochstehendes zu gestalten.

Wir wollen noch kurz auf ein Sondergebiet besonders hinweisen, das einmal für jede Papierhandlung von Bedeutung war, und das einen nicht unbeträchtlichen Teil an dem jährlichen Geschäftsgewinn abwarf: das waren die Gratulationskarten für besondere Gelegenheiten.

Diese waren entweder in Monogrammprägetechnik, Stahlstichprägung oder mittels Vielfarbendruck hergestellt. Auch Karten, deren als Schmuck dienende Figuren, Ornamente usw. blind geprägt und dann in verschiedenen Farben angespritzt wurden, waren sehr beliebt. Sie wirkten durch ihre koloristische Ausstattung, zeigten meist verschiedene Farbeneffekte, irisierend ineinander übergehend, sowie auch Motive in zartbegrenzter farblicher Wirkung.

Man unterschied gewöhnliche Doppelkarten, bei denen entweder die Innenseite ganz frei blieb und von dem Käufer handschriftlich ausgefüllt wurde, oder solche, bei denen ein Motiv, ein Vers oder sonst ein zweckentsprechender Aufdruck in Buch- oder Steindruck auf ihre Bestimmung hinwies als Glückwunsch zu einer besonderen Gelegenheit.

Die Mottos und insbesondere die Verse bei Hochzeits- und Konfirmationskarten wurden auf besondere Einlageblätter gedruckt und diese dann in die Karten eingelegt, wodurch sie die Form eines Buches (Booklet) erhielten, besonders wenn mehrere solcher Einlagen vorhanden waren.

Zarte Seidenbändchen oder Schnüre, auf die vorherrschende Grundfarbe der Karten abgestimmt, hielten diese Einlagen mit der Glückwunschkarte zusammen und erhöhten den Reiz der Wirkung.

Für die vielen Gattungen der Wunschkarten sind die Arten der motivlichen Darstellung grundverschieden. Vom figürlichen Dessin, meist aus dem Tierleben angefangen bis zu den verschiedenartigen Gaben der Flora, von dem Mohn und der Kornblume, wie dem allbeliebten und arg strapazierten Veilchenmotiv bis zur Orchidee erbringen die Erzeugnisse einen Beweis für die Schaffensfreudigkeit und den Ideenreichtum unserer Künstler in der Motivwahl.

Die Arten der „komplizierten Karten“ waren mannigfach. Es sei nur auf die früher so beliebten Karten mit Seidenpapierverzierung hingewiesen. Allgemein bekannt dürften wohl noch die Klappkarten unter der Bezeichnung „Zugkarten“ sein. — Diese wurden viel verlangt, heutzutage werden sie nur noch seltener gehandelt, da man sie, im Grunde genommen, wohl als überlebt bezeichnen kann. Sie sterben aber nicht ganz aus. Wir sehen das an der immer wiederkehrenden Schaffung neuer Aufmachungen, die nach längerer Zeit das Alte, Dagewesene in irgendeiner Form wieder aufleben lassen.

Ausschließlich als Luxuserzeugnisse sind solche Karten zu bezeichnen, die durch Auflagen von künstlichen Blumen plastische Formen erhielten.

Der Unterkarton wurde häufig so gestaltet, daß er wie aus Ton modelliert erschien. Der Stoff mußte prägefähig sein, und die Prägeplatte sehr tief graviert werden, um die beabsichtigte Wirkung zu erzielen.

Vermittels des Farbenzerstäubers wurde dann von einer Seite Farbe auf die Prägefläche gespritzt, wobei vermöge der Prägung auf eine Stelle mehr Farbe kam, als auf eine andere. Dadurch wurde eine eigenartige Wirkung erzielt. Auf den Zweck der Karte deuteten aufgedruckte Texte hin. So wurden zu Ostern Schneeglöckchen und Weidenkätzchen am häufigsten verwandt, zu Pfingsten Birkenzweige und zu Weihnachten der typische Tannenzweig mit oder ohne Zapfen, mit breiten, roten Seidenbändern (Schleifen) gebunden.

Zur grünen Hochzeit wurde eine mit Seidenauflage und entsprechendem Text versehene Karte genommen, auf die grüne blühende Myrten, aus Stoff gefertigt und mit Seidenschleifen geziert, aufgelegt wurden, die bei dem Feste der silbernen Hochzeit durch Silbermyrten ersetzt wurden. Solche Karten wurden in besten Aufmachungen gehandelt.

Die Idee der Aufmachung dieser Karten lehnte sich an die vor Jahren üblichen „Taufandenken" an, die mit Klappbüchern gewisse Ähnlichkeit hatten, bei denen meist religiöse Bilddrucke verwendet wurden, die jedoch gegenwärtig wohl nur noch in geringem Maße gehandelt werden.

Buchkarten zur Vermählung oder Konfirmation sind gegenwärtig in Deutschland weniger gebräuchlich. Dafür gibt es Motivkarten für diese Zwecke in geradezu künstlerischer Vollendung. Es sei nur an die neuartigen Glückwunschkarten mit einem Durchbruch auf der Vorderseite erinnert (in Form eines Fensters), die sehr reizvoll wirken.

Der Grund dürfte darin zu erblicken sein, an Stelle solcher Patenbriefe praktische Geschenke, wie z. B. Gebrauchsartikel, zu geben, die einen materiellen Wert haben, zum Schaden natürlich für die Papierindustrie, zum Nutzen aber für den Empfänger.

Auf starkem weißen Karton mit Preßvergoldung oder auf reliefgeprägtem Karton, ein- oder mehrfarbig, wie angedeutet, fanden wir künstliche Blumensträußchen, mit Seidenschleifen verziert, während Goldmottos, auf dem Unterkarton geprägt, der oft noch mit Seidenrüschen besetzt ist, auf den besonderen Zweck hindeuten.

Bei diesen Erzeugnissen zu besonderen Anlässen wurde das Mittelstück meist noch mit einem kleinen weißen seidenen Kissen ausgefüllt, das gewölbt war und in Gold- oder Silberverzierung eine entsprechende Widmung trug. Da durch den Versand die Karten leicht beschädigt werden konnten, wurden derartige Artikel in flache Kartons verpackt geliefert und eigneten sich vornehmlich zur Versendung als Drucksache oder Muster ohne Wert.

Auch jetzt gibt es wieder „Taufkarten" (Patenbriefe) mit Texteinlage und Umschlag in reicher Auswahl. Für den Versand gibt es auch flache Glacékartons, sofern die Aufmachung dieser Sondererzeugneisse es erfordert. Es hat sich lediglich die geschmackliche Gestaltung gewandelt, die mehr auf Einfachheit abgestellt ist hinsichtlich der äußeren Wirkungsmöglichkeiten.

Die Glückwunschkarten erfreuen sich im allgemeinen großer Beliebtheit bei den Abnehmern. Sie sind einfach nicht mehr fortzudenken aus unserem Lebensrepertoire. Ob zum Geburtstag, zu den geistlichen Festtagen, zu Hochzeiten oder zur Konfirmation, kurz zu jeder Gelegenheit ist immer die passende Karte da als ein Mittel, sich dem Empfänger in Erinnerung zu bringen.

Für jeden Geschmack und für jeden Geldbeutel ist stets das geeignete Erzeugnis vorhanden, von der einfachen Schriftkarte mit Goldprägung bis zum künstlerischen Erzeugnis in Form, Farbe und Ausstattung.

In vorstehenden Ausführungen wurde über die Gestaltung und Ausstattung von Karten gesprochen, die zum Teil viele Jahre lang wichtige Erzeugnisse der Luxuspapierfabrikation waren. Das eine oder andere ist im Laufe der Zeit überholt bzw. geschmacklich wesentlich verbessert worden. Wenn wir die heutige Kartenproduktion studieren, müssen wir indessen feststellen, daß das Gesagte in großen Zügen auch wieder auf die gegenwärtig gebräuchlichen Karten angewendet werden kann.
Wir finden wieder angespritzte Blindprägungen, die Ausstattung mit Seidenbändern und Schleifen, als Motive Ringe, Herzen, Tier- und Pflanzenmotive, Gold- und Farbprägungen in Verbindung mit blindgeprägten Blüten und Ornamenten. Sie sind und bleiben beliebt bei Herstellern und Abnehmern.

Schriftkarten seit dem Kriege

(Eine Übersicht über die auf Glückwunschkarten angewendeten Schriftarten)

Von Gebrauchsgrafiker Rudolf Breidenstein, Berlin-Dahlem

In den frühen Etappen der Schriftgeschichte fiel dem geschriebenen Wort in erster Linie eine ornamentale Rolle zu, und ähnlich ist die Aufgabe der Schrift auf den heutigen Glückwunschkarten. So wie sich eherne Inschriften auf historischen Bauwerken oder reich verzierte klösterliche Schriften zunächst an den Schönheitssinn des Betrachters wandten und erst dann, in zweiter Linie, nachdem durch das ästhetische Empfinden eine dem Textinhalt entsprechende Stimmung erzeugt worden ist, der Wortsinn vermittelt wurde, so bildet auf den Glückwunschkarten die Schrift das künstlerische Element, welches nicht nur das nüchterne Wort, sondern auch die dazugehörende Stimmung zu vermitteln hat.
Der Formenreichtum der angewandten Schriften ist groß und gestattet eine lange Skala von Ausdrucksmöglichkeiten: von der sachlichen Mitteilung über frohe Anerkennung bis hin zur feierlichen Bekundung. Die große Zahl von Glückwunschkarten-Herstellern beweist immer wieder, wie mannigfaltig die Möglichkeiten sind, Schriftkarten in gefälliger, das Gefühl ansprechender Form zu schaffen.
Da in Deutschland im Jahre 1941 ein neues Kapitel der Schriftgeschichte begann, ist es wohl der Mühe wert, seine Auswirkungen auf die Wunschkarten zu verfolgen. Damals wurde aus politischen Erwägungen heraus die oft fälschlicherweise als „deutsche“ Schrift bezeichnete Fraktur entthront und durch die *Antiqua* ersetzt, die, als Normalschrift bezeichnet, in Zeitungen, Büchern und im Schulunterricht nun Alleinherrscherin wurde.
Als nach dem Kriege die Wunschkarten-Produktion wieder anlief, erschien eine große Zahl von Schriftkarten in lateinischen Lettern. Versalienzeilen, die ihre

Form den in Stein gemeißelten Inschriften des römischen Altertums verdanken, wurden zahlreich verwendet. Viele Anwendungen schlossen sich an: Neben geradstehenden Großbuchstaben verwendete man schräge, magere, fette sowie Wortbilder mit und ohne Kapitälchen. Die Tendenz ging dahin, diese Schriften immer kleiner zu bringen, was der vornehmen Wirkung einerseits nützte, anderseits die Leserlichkeit beeinträchtigte. Versalienzeilen in Groteskschriften (Schriften mit gleichstarken Haar- und Grundstrichen, ohne Dachstriche, z. B. die Futura), haben sich durchgesetzt und werden gern als kleine Texte für Bildkarten verwendet. Die Schrift ist hier zweitrangig und hat eine ornamentale Aufgabe zu erfüllen. Antiquazeilen in gewöhnlichen Groß- und Kleinbuchstaben werden auf Einladungen und Danksagungen gebilligt, für Glückwunschkarten dagegen als zu nichtssagend und ausdruckslos abgelehnt.

Deshalb wurde die *geschriebene Schrift* ins Treffen geführt. Wir treffen sie in guten Schriftlösungen, die an die spätere, schmallaufende karolingische Minuskelschrift (9. bis 12. Jahrhundert) anknüpfen und sich mit schwungvollen Initialen darbieten. Die kalligraphisch vollendete Schreibschrift des 19. Jahrhunderts lebt als Englische Schreibschrift weiter fort. Sie gilt als klassische Schrift der Glückwunschkarten. Jetzt wird sie zum Ausgangspunkt vieler Spielarten neuer Handschriften. Von weit auseinandergezogenen Wortbildern mit niedrigen Buchstaben bis zu gewagtesten Steilschriften sind alle Abwandlungen durchprobiert worden. Auch sie fanden nach anfänglicher Zustimmung nicht den dauernden Widerhall, weil ihr Charakter zu reklamemäßig war. Es fehlte diesen Schriften das würdigfestliche Moment.

Ernst, aber nicht immer leicht zu lesen ist die unter dem Einfluß des romanischen Baustils stehende runde, gebrauchte *Unziale*. Ihre Formen, in den Niederlanden als Druckschrift gebräuchlich, treten jetzt des öfteren als Glückwunschschrift auf. Sie vermittelt seriöse, feierliche, ja religiöse Stimmung.

Bei der Suche nach weiteren Ausdrucksmöglichkeiten verfielen andere Hersteller auf *Schriftmischungen*, die in ihrem Durcheinander verschiedenster Schrifttypen von vornherein den künstlerischen Ernst vermissen ließen und auch auf Ablehnung bei der Abnehmerschaft stießen. Es gibt aber auch gut aufeinander abgestimmte Mischungen, die sich durchgesetzt haben und wahrscheinlich weiterbestehen werden. Ich erinnere dabei an schwungvolle Kursiv-Initialen, die zierlichen Antiqua-Wortbildern vorangestellt werden.

Rohstoffknappheit und Schwierigkeiten in der Materialbeschaffung in den Jahren nach dem Kriege hatten zur Folge, daß auch auf ältere, noch erhaltene Stahlstichgravuren zurückgegriffen wurde. Sie enthielten oft noch *Frakturschriften* aus der Zeit vor der deutschen Schriftumstellung. Das führte zu augenfälligen Gegenüberstellungen, und man stellte mit Überraschung fest, daß der ornamentale Gesamteindruck der Frakturschriften weit stärker war als jener der Antiquaschriften. Das erklärt auch die Erfahrung, daß in den nordischen Ländern „gotische“ Zeitungstitel alle Zeiten mit verschiedensten Geschmacksrichtungen überdauert haben. Viele europäische Länder, darunter England, Frankreich, Holland, Schweden und die Schweiz wenden seit je auch diese „gotischen“ Schriften in ihren Glückwunschkarten an. Diese Erkenntnis sowohl als auch der Frakturerfolg bei der Abnehmerschaft veranlaßten die Produzenten, die politischen Gründe, die 1941 zur Verdammung der Fraktur in Deutschland führten, für ihre Branche nicht weiter zu respektieren. Sie eröffneten ihren Schriftkünstlern die Möglichkeit, wieder aus den reichen Quellen des klassischen Schriftschaffens zu schöpfen. Besonders bei den Schriften des 14. und 15. Jahrhunderts scheint die neue Glückwunschkarte Anregungen zu suchen. Das war die Zeit, als das allgemeine Leben unter der Führung der Kirche stand, als die aufstrebenden, seitlich zusammengedrängten Linien der Gotik sich im Bild der Schrift widerspiegelten, sei es in den reich ausgezierten kirchlichen Handschriften oder in den wertvollen Frühdrucken aus Deutschland und Italien. Hier ist für alle Zeiten künstlerisch eine Form festgelegt, die die sakral-feierliche Forderung erfüllt. Ferner ist das schlank aufstrebende Wortbild mit den Groß- und Kleinbuchstaben schnell zu erfassen. Ausgezierte Initialen erfüllen den bei Glückwunschkarten bestehenden Wunsch nach wertvoller Ornamentik. Unter Berücksichtigung neuer Rohstoffe, neuer Techniken und neuzeitlichen Geschmackes ist dem Graphiker bei der Auswertung des klassischen Schriftmaterials ein unendlich großes Wirkungsfeld auf dem Gebiet der Glückwunschkarten erschlossen.

Die lateinische Schrift — die Antiqua — hat ihren Platz dort behauptet, wo der Glückwunsch-Anlaß nicht gar so ernst-feierlich ist und zu einem großen Teil mit Fröhlichkeit gemischt ist: Einschulung, Schulentlassung, Wohnungswechsel u. ä. Auch bei Anlässen des geschäftlichen Lebens wendet man gern die Antiqua mit ihrer nüchternen Sachlichkeit an. Einladungen und Danksagungen werden entsprechend ihrem Charakter von Mitteilungen in Antiqua oder lateinischer Schreibschrift hergestellt.

Die Glückwunschkarte ist niemals ein Produkt „revolutionierender“ Kunst gewesen. Das will und kann sie auch nicht sein; denn dann würde sie von der Allgemeinheit nicht gekauft werden. Sie soll aber nach bewährten ästhetischen Gesetzen komponiert werden. Ihre Schriften sollen klar und stilrein sein. Dann wird sie nicht nur Gefallen erregen, sondern darüber hinaus den Sinn für das Schöne wecken und anregen.

Die Ausschmückung der Luxuskartonagen

Von den Erzeugnissen der papierverarbeitenden Industrie sind die Luxuskartonagen besonders beachtenswert. Sie dienen nicht nur praktischen Zwecken, sondern sie sollen auch durch Form und Ausstattung den künstlerischen Ansprüchen gerecht werden, die heute jeder Käufer an sie stellt.

Von besonderer Bedeutung für die Werbewirksamkeit konfektionierter Kartonagen ist die Titelwahl. Sie ist nicht selten ausschlaggebend für den Absatzerfolg des Inhalts von Luxuskartonagen, Papierausstattungen, Bonbonnieren usw. Wenn auch die Titelbezeichnung meist eine ureigenste Angelegenheit des Bestellers ist, so sollten doch die Hersteller von Aufdrucken für Kartonagen immer an die Wichtigkeit dieser Titelbezeichnung denken und besonders für eine deutsche Benennung der angebotenen Erzeugnisse eintreten.

Wer die Verlagsartikel der chromolithographischen Kunstanstalten kennt, der weiß auch, daß diese wohl in der Lage sind, ausgesprochene Güteerzeugnisse herzustellen, wenn es sich um Anfertigungen für besondere Zwecke handelt, besonders wenn für das Ausstattungsgeschäft hochwertige Erzeugnisse verlangt werden.

Es besteht aber nicht immer die gewünschte Nachfrage nach besonders künstlerisch ausgeführten Ausstattungen, da viele Kunden der Kartonagenfabriken im allgemeinen nur so wenig als möglich für die Packungen anlegen wollen. Immerhin aber sollte darauf gesehen werden, daß selbst bei geringeren Preisen keine stilwidrige, sondern eine zweckentsprechende Ausstattung der Kartons geliefert wird, die selbst bei weniger eleganter Ausführung immer noch auf einen guten Geschmack des Fabrikanten schließen lassen.

Wenden wir uns der Ausstattung der Behältnisse zu, so müssen wir zuerst den Überzug dieser Erzeugnisse erwähnen. Wir wollen dabei von den aus den Buntpapierfabriken bezogenen Sorten absehen, die einst den billigen Behältnissen als vielfarbiges Kleid dienten. Ebenso müssen wir hierbei diejenigen Kartonagen ausschalten, die keine Ausstattung erfordern, wie z. B. gewöhnliche Versandkartons für Massenverpackungen.

Mustergültige Ausstattungen finden wir namentlich bei den Bijouterie- und Bonbonnierenpackungen. Sie bilden einen nicht zu unterschätzenden Zweig der Kartonagenindustrie, die in dem Schaffen von ausgestatteten Packungen und Behältnissen für Bonbons und Konfitüren recht ansehnliche Erzeugnisse bereitstellen. Der Bedarf an solchen Luxusbehältnissen steht mit der Absatzfähigkeit dieser Artikel selbst in engem Zusammenhang. Diese Artikel werden meist wegen der oftmals originellen Art der Verpackung mit Bezug auf ihre Aufmachung gekauft.

Hierbei wird auch auf den praktischen Sinn der Hausfrauen spekuliert, die für gut ausgestattete leere Schächtelchen nach Entnahme des Inhalts eine besondere Vorliebe haben.

In der Aufmachung, in der der Fabrikant seine Erzeugnisse dem Publikum anbietet, wird also in der Regel schon ein guter Teil des Absatzerfolges liegen. Für den Kleinhändler ist es vorteilhaft, wenn seine Firma auf der Packung sichtbar erscheint. Es ist dies eine sehr zweckmäßige Art der Reklame, zumal viele

Fabriken bei Entnahme entsprechender Posten die Firma des Händlers entweder ganz kostenlos oder zum mindesten zu einem den Herstellungswert wenig übersteigenden Betrag in Rechnung stellen.

Für gewisse Gattungen von Bonbonnieren finden wir besondere Zweckformen. So werden für die beliebten Katzenzungen die schmalen, länglichen Formen gewählt, die auf dem Deckelstück neben dem lakonischen Titel „Katzenzungen" einen oder mehrere geprägte Katzenköpfe zeigen. Als Überzugspapiere werden die mannigfachsten, meist wohl einfarbigen Papiersorten verwendet. Recht angebracht erscheint die Verwendung von Bezugspapieren, die auf lithographischem Wege hergestellt sind und die das „Katzenmotiv" in allen denkbaren Abwandlungen bringen, oft unter zweckmäßiger Verwendung gleicher Dessins in nur jeweils veränderter Farbenausstattung.

Daß das Ausschmücken durch andere Hilfsmittel recht wirksam unterstützt werden kann, soll nur nebenbei noch erwähnt werden. So sei hier auf die schönen Wirkungen hingewiesen, die sich durch die Bandbindetechnik erzielen lassen. Eigenartig geformte Seidenschleifen lassen nicht nur den guten Geschmack des Fabrikanten erkennen, sondern auch die Geschicklichkeit der für diese Tätigkeit verantwortlichen Personen, wohl ausschließlich weiblichen Geschlechts.

In allen Fällen, wo es sich nicht nur um einen einfachen Überzug handelt, wie wir ihn bei Atrappen oder Faltschachteln finden, sondern in denen dem Luxusbedürfnis des kunstverständigen Abnehmers entsprochen werden soll, zeigt sich der Geschmack des Herstellers bei der Auswahl der verwendeten Originale.

Sehen wir uns einmal die Bonbonnieren, jene Art Schachtelpackungen, die vorwiegend ein besonders gediegenes Aussehen haben, etwas näher an. Überzüge in Holzfurnieren oder deren Nachahmung sowie gränierte Papiere sind bevorzugt, die durch Blindprägung oder auch unter Verwendung von Farben bei dem Aufbringen von Schlagworttiteln ein wirksames, effektvolles Aussehen erhalten. Wir finden auch zur Hebung der äußeren Wirkung nicht selten Metall, in kunstgewerblich gestanzten Formen, als plastische Auflage in Form figürlichen oder ornamentalen Schmuckes.

Es werden vielfach auch Auflagen aus geschnittenem oder reliefartig geprägtem Plüsch, Samt und anderen Stoffen zweckmäßig verwendet.

Leider finden wir zuweilen auch jene Geschmacklosigkeit, die Deckelstücke mit irgendwelchen, in der Darstellung ganz ungeeigneten kitschigen und bunten Chromolithographien zu beziehen, die im Bildformat gar nicht zu der Größe der auszustattenden Schachtel passen. Es werden alte Ladenhüter allzu gern verwendet.

Die gebräuchlichsten Formate schwanken von der Postkarte (die wir nicht selten auch auf dem Deckel finden) bis zu den verschiedensten Größen.

Hier ist für den Künstler noch ein großes Gebiet zu beackern, das trotz der Geringfügigkeit des Objektes immerhin von Wert sein kann. Einen besonderen Bonbonnierenstil haben wir noch nicht, obwohl auch viele Künstler sich bereits auf diesem Gebiet mit Erfolg betätigt haben.

Bessernd könnte hier ein Wettbewerb wirken. Die für diesen Industrieartikel in Frage kommenden Abnehmer, meist Schokoladenfabriken ersten Ranges, könnten ebenso, wie es andere Erzeuger auch tun, um einen geeigneten Entwurf für die absatzfördernde Verpackung ihrer Handelsartikel zu erstehen, einen Wettbewerb unter Künstlern veranstalten. Diese Idee ist natürlich nicht neu, aber man sollte davon immer wieder Gebrauch machen, da man erfahrungsgemäß damit stets gute Erfolge erzielt hat.

Das Wichtigste beim Angebotsvorgang ist immer die Qualität der Ware. Die Packung darf nicht auf Kosten der Güte und des Wohlgeschmacks ausgestattet sein, denn der Käufer muß die Packung selbstverständlich mit bezahlen. Diese ist kein Zugabeartikel des Verkäufers, sondern ihr Preis ist einkalkuliert in die Gestehungskosten der Ware, sie ist ein wenn auch verhältnismäßig kleiner Teil der Verkaufskalkulation.

Der Käufer von heute will gute Waren in schönem Gewand sehen. Es gibt wieder die gute Zigarre (Preislage DM 1,— und darüber) in der Glasröhre und die Perlon-Wäschegarnitur unter Cellophan. Sie wirkt viel duftiger als wenn sie lieblos nur in Packpapier eingeschlagen wird an der Ausgabe im Warenhaus.

Die Hersteller geben sich erdenklichste Mühe, gute Waren auch in einem verkaufsfördernden schönen Gewand anzubieten. Für den Gabentisch gibt es nicht nur mit Konfekt gefüllte Mokkatassen mit verschwenderisch großen Seidenbandschleifen verziert, es gibt vor allem köstliche Pralinen in dekorativen Bonbonnieren und einfallsreich gestaltete „Luxustruhen“. Je origineller die Packung, um so größer die Absatzmöglichkeiten wegen ihrer Wirksamkeit auf den Abnehmerkreis.

Aber nicht nur Süßwaren werden „standesgemäß“ angeboten, auch Textilien können in entsprechend aufgemachten großen Schachteln angeboten werden. Hübsch verpackt wirkt das Oberhemd nebst der dazugehörenden reinseidenen Krawatte noch festlicher.

Über die Kosmetikas nur am Rande ein Wort: in Form und Farbe beinahe unübersehbar ist die Zahl. Die betörendsten Düfte in kleinen Flakons — diese an sich schon „ein Gedicht“ — ruhen in den reizendsten Schächtelchen allein oder zusammen mit Seife und Lippenstift als Stilleben in einem raffiniert aufgemachten Karton als willkommenes Geschenk auf dem Gabentisch. Alle haben die Gaben, schön verpackt, zu den verschiedensten Anlässen immer wieder gern, wenn sie in netter Ausstattung dargeboten werden.

Es ist eine alte Binsenweisheit, daß jeder Kunde sein erworbenes Geschenk in einem nett aufgemachten Karton viel lieber nach Hause trägt als in einer Tüte verpackt.

Luxuskartonagen sind zum Schenken geschaffen, das ist wohl richtig. Wir wollen dabei aber nicht vergessen, daß es in der Hauptsache für den Käufer auf den Inhalt der Packung ankommt.

Die künstlerisch gestaltete Packung muß geschmackvoll und gediegen sein, nicht nur in der Form und Innenausstattung durch graphische und reproduktionstechnisch einwandfreie Gestaltung. Es sollte trotzdem ein übertriebener Verpackungsluxus vermieden werden, der in keinem Fall in Widerspruch stehen sollte zu dem angebotenen Erzeugnis.

Kein Kunde kauft lediglich eine schöne Aufmachung und sei sie auch noch so verlockend, sondern er will gute und preiswerte Ware erstehen in entsprechender äußeren Aufmachung. Nur so ist das Angenehme mit dem Nützlichen zu verbinden.

Auf diese Weise schafft sich der Einzelhändler zufriedene und wohl auch treue Kunden, und das dürfte im Kampf um die Existenz eine logische Forderung sein. Besonders zur Hauptgeschenkzeit, zu Weihnachten, gibt es eine große Auswahl zweckmäßiger Verpackungsmöglichkeiten, seien es kleine Hutschachteln, silberne Tannenzapfen, Herzen oder Glocken. Sie alle warten darauf, weihnachtliche Geheimnisse aufzunehmen.

Die Freude beim Einkauf ist eine doppelte, einmal für den Käufer, und dann für den damit Beschenkten.

Zum Schluß wollen wir noch auf einen weiteren Zweig der Kartonagenindustrie hinweisen, nämlich auf die Weihnachtskartonagen, die gewissermaßen eine Sonderheit darstellen.

Ihre Herstellung ist schon deshalb lohnend, weil in vielen Fällen die dazu erforderlichen Hilfsmaschinen, wie z. B. Ausstanzmaschinen und Prägeformen, die gleichen sind wie die zur Herstellung der Schachteln für die verschiedensten Zwecke der pappeverarbeitenden Industrie.

Je wirkungsvoller solche Erzeugnisse ausgestattet werden, desto größeren Anklang dürften sie bei den Käufern finden. Gerade die Weihnachtskartonagen sind in erster Linie für das kindliche Gemüt bestimmt, das empfänglich ist für das Bunte. In diesen Zweigen der Fabrikation sehen wir auch heute noch eine Reihe von Erzeugnissen wieder, die uns schon als Kinder einstmals Freude bereitet haben.

Die Herstellung von Weihnachtskartonagen füllt jedoch kein ganzes Jahr aus, meist wird nur die Zeit von März bis Oktober dazu benutzt, um rechtzeitig die Aufträge für den Weihnachtsmarkt zu erledigen.

V. Kapitel

Die Veredelung des Papiers durch Oberflächenveränderung

Die Papierprägetechnik und ihre Bedeutung für die Papierveredelung

Einführung in die Technik des Prägens

Prägen — Pressen ist die mechanische Verrichtung, einen Körper mittels geeigneter Werkzeuge durch Stoß oder Druck bestimmte Gestalt zu geben.

Prägen heißt, den dargestellten Gegenstand möglichst plastisch aus einer Fläche herauszuheben, während derselbe umgekehrt beim *Pressen* in dieselbe hineingedrückt wird.

Ist dort das Bild in dem zum Prägen gebrauchten Teil (Stempel) tief gearbeitet, d. h. ähnlich einer Form zum Gießen, so ist dasselbe zum Pressen erhaben dargestellt.

Prägen und Pressen wird in den verschiedensten Industrien angewandt. Man sagt, die Münze oder Medaille usw., der Löffel, die Siegelmarke seien geprägt, hingegen der Buchdeckel, der Pappteller u.a. seien gepreßt. Unter Pressen versteht man gewöhnlich ein Zusammenpressen ähnlich dem mechanischen Vorgang beim Zusammenpressen von Papierballen oder bei Fruchtpressen. In der Prägepraxis sprechen wir daher mit logischer Berechtigung von „Tiefprägung“ oder „Hoch- und Reliefprägung“ bzw. -pressung.

Ihre weitaus größte Verbreitung findet die Technik des Prägens in der papierverarbeitenden Industrie.

Die einfachste Art des Prägens wird die sein, wie man sie auch vielfach in Papiergeschäften zur Selbstherstellung von Monogrammen findet, zwischen zwei erhaben herausgearbeiteten Flächenteilen aus Metall ein dünnes Papierblatt zu bringen, um durch kräftigen Druck zu erreichen, daß das Papier an der Stelle der gewünschten Prägung die Form der in dem Stempel gravierten verschlungenen Buchstaben zu erkennen gibt und diese plastisch durch den Prägedruck wiedergibt.

Je dünner das Papier ist, desto besser gelingt die Prägung.

Die einfache Weiß- oder Blindprägung findet dann Anwendung, wenn auf weißes oder farbiges Papier bzw. Karton eine einfache Prägung, ohne den Stempel vorher einzufärben, ausgeführt werden soll. Dabei ist darauf zu achten, daß das zu prägende Material durch die starke Druckwirkung sich in den um die Reliefornamente liegenden Flächen nicht verändert. Das wird durch sorgfältigen Matrizenaufbau vermieden.

Ist die Veränderung der Papierfläche nicht vermeidbar, so muß sie vollkommen gleichmäßig sein, um Flecken oder glänzende Stellen im Papier oder Karton zu vermeiden. Die Wirkung der Weiß- oder Blindprägung steht selbst bei scharfen Reliefs meist hinter der Erwartung zurück; es läßt sich eine Steigerung derselben nur durch das koloristische Hilfsmittel des Anspritzens solcher Prägungen mit der Spritzpistole (Luftpinsel) erzielen.

Wird statt der Tiefprägung die zu veredelnde Fläche erhaben herausgeprägt, so haben wir es mit einer Reliefprägung zu tun, die in ihrer einfachsten Form, ohne Verwendung von Farbe, als Blinddruck bezeichnet wird.

Zur Herstellung dieser Pressungen bedarf es Platten, auf denen das dargestellte Bild hoch (erhaben) graviert ist. Wird die Platte nun schwarz oder farbig eingewalzt, zur Nachahmung der gemalten Embleme, so haben wir den Schwarz- oder Farbdruck.

Wird statt der Farbe Blattgold in Anwendung gebracht, so entsteht eine Arbeit, die wir in der Praxis mit Preßvergoldung (oder auch Goldtiefdruck) bezeichnen. Zum Prägen sind Platten erforderlich, in die der darzustellende Gegenstand vertieft graviert ist. Was man früher also durch Punzen und Treiben (Aufnieten von Beschlägen) herstellte, erreichte nun, da größere maschinelle Hilfsmittel zur Verfügung stehen, durch Prägen.

Weiter findet die Prägeplatte die mannigfaltigste Anwendung in der Luxuspapierfabrikation bei der Herstellung der Gratulationskarten, bei Zigarrenpackungen usw., bei der Herstellung von Lampenschirmen, bei denen sie als sogenannte Durchbruchplatte gebraucht wird u.a.m.

Auch zur wirksamen Ausstattung von Buchdruckarbeiten kommt die Prägetechnik nicht selten zur Anwendung.

Es gibt in der papierverarbeitenden Industrie wohl kaum ein anderes Verfahren, welches so oft und vielseitig Anwendung findet, als die Prägetechnik. Die Handhabung des Prägens ist nicht so einfacher Art, wie es auf den ersten Blick hin scheinen mag. Die mit Prägungen versehenen Erzeugnisse der Papierwarenfabrikation werden bei den Abnehmern um so größeren Anklang finden, je mehr den Anforderungen der Käufer an der sachgemäßen Ausführung Genüge geleistet wird. Jede Technik zur Ausstattung der Erzeugnisse hat sich in den Grenzen der künstlerischen Voraussetzungen zu halten.

Es hat eine Zeit gegeben, während der fast sämtliche Erzeugnisse der Luxuspapierindustrie zur größeren Wirksamkeit mit einer Prägung herausgebracht wurden. Nicht in jedem Falle diente diese Technik zur Hebung der Verkaufswirkung, denn vielfach liegt gerade in der Beschränkung der Mittel auch hinsichtlich der Ausstattungsmöglichkeiten die verkaufsfördernde Wirkung für den Hersteller der vielen Erzeugnisse unserer Reproduktionsanstalten des Flach- und Hochdruckgewerbes.

Die Herstellung der Prägeplatte*) ist der vorbereitende Arbeitsgang zur praktischen Ausführung der Prägearbeit. Die Plattenherstellung wird von Graveuren besorgt. Es sei vorausgeschickt, daß das Bestellen der Prägeplatte, von der der Ausfall der Prägearbeit abhängt, ein weitgehendes fachtechnisches Wissen nicht nur über die Technik der Gravur selbst voraussetzt. Auch die weitere Verwendbarkeit beim Prägen in bezug auf das Verarbeiten der Ware erfordert Sachkenntnis, da diese nicht selten durch technische Schwierigkeiten Veränderungen ausgesetzt ist, die in dem Dehnungsprozeß des Papiers ihren Ursprung haben. Die Arbeit des Prägens beginnt mit der Anfertigung der Matrize, die ein negatives Bild der Stempelgravur bietet. Durch das haarscharfe Einpassen der erhaben gearbeiteten Matrize auf der gravierten Stempelfläche ist das Gelingen der Prägung erst gewährleistet. Für die Prägung kleiner Flächen, Mottos, Buchstaben und anderer Dinge, dient der Monogrammbalancier, für größere die Kniehebelpresse. Die Tiegeldruckpresse, bei erhöhten Ansprüchen die Farbdruckpresse, erscheinen ebenfalls berufen, die durch die einzelnen Techniken bedingte Anwendung an Zeit und Kosten infolge des kombinierten Arbeitsverfahrens durch das gleichzeitige Drucken und Prägen zu vereinfachen. In Fällen, in denen es sich um kleine Flächen, Schriftmottos, Ornamente oder Randverzierungen usw. handelt, bedient man sich der Prägepresse für Handbetrieb (Balancier), für größere und schwerere Stücke reicht die manuelle Arbeitsweise nicht aus. Es muß dann auf den Kraftbetrieb zurückgegriffen werden.

a) Das Weiß- und Blindprägen sowie die Herstellung der Matrize

Die Maschine muß stets möglichst staubfrei und gut geölt auf einem stabil gebauten Tisch oder Bock befestigt sein, welcher zweckmäßig mit schrägen Füßen versehen ist, um dem Prägedruck besser standhalten zu können. Alsdann klebe

*) Im Technischen Verlag Herbert Cram, Berlin W 35, Genthiner Straße 13, erschien 1955 in zweiter, verbesserter und vermehrter Auflage von Walter Hess das praktische Handbuch „Aus der Betriebspraxis der Druck- und Papierverarbeitung".
In diesem Buch bringt der Verfasser u. a. eine instruktive Abhandlung „Das Platten- und Stempelbuch, ein Hilfsmittel zur Betriebsorganisation in Prägereien".
Ein weiterer Abschnitt unter dem Titel „Die Aufbewahrung der Prägestempel" macht den Leser vertraut mit folgenden Kapiteln: Behandlung der Stempel während des Prägens — Das Ablegen der Stempel — Die Aufbewahrung der Platten — Konservierungsmittel — Behandlung gebrauchter Platten — Ausschaltung unbrauchbarer Platten.

man mit Syndetikon ein Stück Karton in Größe des zu prägenden Stempels auf die obere Platte mit Zapfen, welche für die Matrize bestimmt ist, wärme hierauf über Gas oder Spiritusfeuer die untere glatte Platte mit 4 bzw. 2 Stellstiften, welche für den Prägestempel bestimmt ist, so an, daß man darauf mittels Guttapercha den Stempel aufkleben kann. Ist dies nun vollführt, so setzt man die Matrizenplatte sowie die untere Platte mit dem Prägestempel ein und bringt die Presse ein paarmal unter Druck, läßt hierauf die angewärmte Platte mit dem Prägestempel erkalten, bis der darauf befestigte Stempel sowie der Karton festsitzen. Bei einer sogenannten Schiebeeinrichtung ist der Prägestempel oben auf der Einschiebeplatte befestigt, wogegen die Matrize dann auf die untere glatte Platte mit 4 bzw. 2 Stellstiften geklebt wird. Nachdem nochmals ein starker Druck auf den Matrizenkarton abgegeben, ist die scharfe Kontur des Prägestempels nun auf dem Karton zu sehen. Die flachsten Stellen der Gravur erscheinen zuerst scharf; auf die noch stumpfen Stellen wird so lange Karton aufgeklebt und jedesmal Druck darauf gegeben, bis nach und nach alles scharf ausgeprägt ist.

b) Die Farbenprägung

Die hierzu nötigen Farben können trocken, auch angerieben bezogen werden; angerieben werden die Farben mit Dammarlack. Eine Portion Farbe, etwas mehr, als man gerade gebraucht, schüttet man auf einen Lithographiestein oder eine Glasplatte und verreibt unter Zugießen von Dammarlack mit einem Verreiber aus Glas oder Porzellan so lange, bis die Farbe zart und geschmeidig geworden ist. Ist dieselbe noch zu dick, so werden einige Tropfen Terpentin hinzugegeben, aber nicht mehr als nötig, um den schönen Glanz, den die Farbe durch den Dammarlack erhalten hat, nicht zu beeinträchtigen. Zum Auftragen der Farbe auf den Stempel wird bei größeren Gravierungen eine Bürste mit festen Borsten in der Größe einer Zahnbürste benützt, bei ganz kleinen Gravierungen genügt ein kurzer Borstenpinsel. Weiße Farbe, wie Kremserweiß, wird nicht mit Dammarlack angerieben, sondern mit Gummiarabikum. Dieser trockene Gummi wird in größeren Mengen aufgelöst, etwa ½ Liter Wasser in einem steinernen Gefäß, und zur jeweiligen Verwendung bereit gehalten. Ist das Weiß nach dem Verreiben noch zu dick, so verdünnt man mit Wasser. Die weiße Farbe besitzt nun in Verbindung mit Gummiarabikum die nötige Deckkraft und Haltbarkeit auf dem gewöhnlich dunklen Prägepapier*). Bei Prägungen mit weißer Farbe muß der Stempel öfter mit Wasser ausgewaschen werden, weil sich die Farben und Gummirückstände nach und nach festsetzen und die Schärfe der Prägungen

*) Für das Stahlstichprägeverfahren sei bemerkt, daß derartige Farben nicht selbst angerieben, sondern gebrauchsfertig bezogen werden, weil das Selbstanreiben unwirtschaftlich und auch der Erfolg nur mangelhaft sein könnte.

beeinträchtigen. Auf der rechten Seite des Anlegetisches befindet sich die Papierklemme, hiermit befestigt man eine Lage Seidenpapier zum Abwischen des Prägestempels.

Bei der Radstempelpresse ist diese Papierklemme nicht angebracht, da es hier an Raum mangelt, hier benutzt man das Seidenpapier zum Abwischen der Stempel in Buchform. Die einzelnen Bogen des Abwischpapieres werden mit Terpentin angefeuchtet, und dann kann mit dem Papierprägen begonnen werden. Man hebt die Unterplatte mit den 4 Stellstiften und den darauf befindlichen Stempel aus der Prägepresse, reibt mit der Bürste oder dem Pinsel die Farbe möglichst gleichmäßig in die Gravur und wischt sodann die Fläche des Stempels auf dem mit Terpentin getränkten Abwischpapier ab.

Bei einer mit Schiebereinrichtung versehenen Presse nimmt man die Einschiebeplatte mit dem darauf befindlichen Stempel heraus und wischt diesen auf dem mit Terpentin getränkten Abwischpapier ab. Dabei muß Obacht gegeben werden, daß das mit Terpentin getränkte Papier nicht zu naß ist, ferner darf der Stempel beim Abwischen nicht zu fest aufgedrückt werden. In beiden Fällen wischt sich die Farbe, besonders bei flachen Gravuren, aus der Gravierung heraus.

Sobald das Abwischpapier voll Farbe ist, reißt man den obersten Bogen herunter. Der Stempel muß so sauber abgewischt sein, daß auch nicht das kleinste Teilchen Farbe auf seiner glatten Fläche bleibt. Ist der Stempel abgewischt, so setzt man die Unterplatte mit dem Stempel in die Presse ein bzw. die Einschiebeplatte mit dem Stempel in den Schieberoberkopf; nach genauem Anlegen des zu prägenden Papiers wird der nötige Druck gegeben, und die Prägung ist fertig. Kommt es vor, daß trotz sachgemäßem Zuwerfen und richtiger Farbe weiße Stellen ausbleiben, so liegt der Fehler an der Matrize und muß ausgebessert werden. Bei Prägungen mit weißer Farbe wird dieselbe auf trockenem Papier abgewischt, also ohne jede Anfeuchtung. Sofern es sich um größere Auflagen handelt, wird die Verwendung der Maschinen mit selbsttätiger Wischvorrichtung zu empfehlen sein.

Die Herstellung der Matrizen für Prägeartikel

Es kann nur dann ein tadelloser Reliefdruck erzielt werden, wenn außer der technisch einwandfreien Gravur eine in allen Teilen sorgfältig ausgearbeitete und widerstandsfähige Matrize vorhanden ist, von der das Gelingen der Prägung abhängt. Sehen wir uns einmal die Erzeugnisse der Prägeindustrie im rohen und im verarbeiteten Zustand an, so werden wir finden, daß ein Hauptteil der Wirkung des Handelsartikels auf das kaufende Publikum ausschließlich auf das Gelingen der Prägungen zurückzuführen ist. Diese werden demnach um so schlechter ausfallen, je weniger Sorgfalt auf die Ausarbeitung der Matrize neben einwandfreier Stempelgravur verwendet wurde. Man darf hierbei nicht außer

acht lassen, daß mit ein und derselben Matrize oft sehr hohe Auflagen gearbeitet werden sollen. Zuweilen kann wohl eine gut ausgearbeitete Matrize und mithin eine vollendete Prägung selbst Sünden beim Druck verschleiern helfen, wenn solche nicht zu augenfällig und nur für das geschulte Auge des Fachmannes bemerkbar sind. Zur Herstellung der Matrizen gibt es eine ganze Reihe von Hilfsmitteln, von denen wir die gebräuchlichsten kennenlernen wollen.
Die Papp- oder Kartonmatrize, die durch Übereinanderkleben einer mehr oder minder großen Anzahl von Papp- oder Kartonstücken entsteht, gehört zu den häufigsten Arten der Herstellung. Besonders für die Hervorhebung kleinerer Flächen, wie sie uns die Monogrammprägerei bietet, ist bei der Herstellung der Matrize die größte Sorgfalt anzuwenden, damit alle Feinheiten der Gravur bei der Prägung auch zum Ausdruck kommen. Die Anfertigung der gebräuchlichsten Art einer Matrize geschieht in folgender Weise: Von dem Stempel wird auf einem Stück nachgiebigem Karton ein Andruck gemacht, der zunächst natürlich nur ganz schwach ausfallen wird. Auf dieses Kartonstück gibt man einige kräftige Zuschläge auf der Wurfpresse (Balancier), wenn die Matrize auf dieser hergestellt wird. Die dadurch entstehende Flachprägung wird dann mit den von mehreren ausgeschnittenen Teilen der auf Karton gemachten Abdrücke der Stempelgravur überklebt und aufgeprägt, bis das Relief auf der Matrize stark hervortritt und sich in die Gravur des Stempels einpassen läßt. Man bedient sich zur Herstellung der Monogrammatrizen oft eines guten, starken Naturkartons — auch gibt es eigens für diesen Zweck gearbeitete Sorten. Die soeben geschilderte Art der Matrizenherstellung wird besonders für Textprägungen (Mottos jeder Art) in Bronze oder Farbe in Frage kommen. Für schwierigere Monogrammarbeiten, Ornamente, heraldische Prägungen für Papiermonogramme usw., bedient man sich am zweckmäßigsten zur Herstellung der Matrizen eines Glanzdeckels (Preßspan), der in der Größe des Stempels geschnitten wird. Unter dem Namen „Preßspan“ wird eine dünnere oder dickere Pappe, die aus zähestem, hartem Fasermaterial hergestellt sein soll und zweiseitig hochglänzend (meist durch Glättstein geglättet) gearbeitet sein muß, gehandelt. Sofern dieses Material durch erhitzte Glättwerkzeuge geführt werden muß, ist größte Widerstandsfähigkeit des Faserstoffes und Reinheit desselben erste Voraussetzung. Ist der so zugeschnittene Karton auf dem Matrizenklotz aufgeklebt, so läßt man die Presse über Druck gehen und richtet die nicht gut herauskommenden Stellen durch Überkleben mit dünngeleimtem Papier auf, dann klebt man einen zweiten Deckel von Prägekarton auf und gebe nochmals kräftigen Druck. Sollten sich nun noch Stellen zeigen, die schwach ausgefallen sind, so hilft man durch abermaliges Überkleben derselben mit Papier nach, befestigt durch Kleben eine dritte Kartonlage darauf, überzieht diese wieder mit geleimtem Papier, streicht den Stempel mit Farbe ein und läßt, wenn derselbe gut gewischt ist, die Presse nochmals über Druck gehen. Den mit der aufgewalzten Farbe versehenen Stempel lasse man unter Druck

ungefähr 10 Minuten stehen, damit die Deckel aufeinander antrocknen, und schneide dann die Konturen bis auf den ersten Deckel aus. Ist die Prägung Reliefgravur, so hat man das erhabene Bild auf dem oberen Pappstück, ist sie jedoch Flachgravur, so muß ein farbiger Aufdruck gemacht werden. Für die verschiedensten Zwecke des Prägens gibt es besondere Methoden zur Herstellung der Matrizen, die, wie hier nicht unerwähnt bleiben soll, die größte Erfahrung und Geschicklichkeit des Prägers voraussetzen, da von ihrer Beschaffenheit mehr oder minder das Gelingen des Prägens abhängt, insbesondere das Passen und das Herausheben der plastisch wirkenden Teile des Bildes. Wird mit einer größeren Fläche gerechnet oder sollen besonders plastische Wirkungen erzielt werden, so bedient man sich, da das mühsame Aufeinanderkleben von Pappstücken ziemlich viel Zeit erfordert, stark gefeuchteter Pappe oder der Matrizenmasse, die in Pulverform breiig eingerührt und auf einer besonders starken (nichtbiegsamen) Stanzpappe (Steinpappe) aufgebracht wird. Durch wiederholtes Anprägen nimmt die Masse die Form einer Stempelgravur an: nach erfolgter Nacharbeit wird die erhaltene Form dann eingebrannt und gibt eine brauchbare Prägematrize. Wenn diese Vorbereitungen erfolgt sind, dann beginnt das Prägen ausschließlich auf den dazu bestimmten Maschinen.

Für die Prägung kleiner Flächen, Mottos, Buchstaben u. a., dient der Monogrammbalancier, für größere die Kniehebelpresse, um auf Papieren und Kartons aller Art die gewünschten Formen und Wirkungen zu erzielen. Die Tiegeldruckpresse, bei erhöhten Ansprüchen die Farbdruckpresse, erscheinen ebenfalls berufen, die durch die einzelnen Techniken bedungene Aufwendung an Zeit und Kosten infolge des kombinierten Arbeitsverfahrens durch das Drucken und gleichzeitige Prägen bedeutend zu vereinfachen. In Fällen, wo es sich um kleine Flächen, Schriftmottos, ornamentale Randverzierungen usw., handelt, bedient man sich der Prägepresse für Handbetrieb (Balancier), für größere und schwere Stücke reicht der Handbetrieb nicht aus, da muß auf die mechanische Kraft zurückgegriffen werden. Für ganz besonders schwere Prägungen, die unter Umständen dem zu prägenden Gegenstand bestimmte Formen geben sollen, wie etwa bei Wandtellern, welche etwas kugelförmig gewölbt sind, werden hydraulische Pressen verwendet, bei denen der Prägedruck natürlich ein ganz besonders starker ist. Die sogenannten Blitzpressen — das sind die schnellstlaufenden Maschinen der Prägeindustrie — ergeben täglich einseitig 3000 bis 3500 Prägungen, auf beiden Tischen also das Doppelte, sofern alles glatt vonstatten geht und die Maschine ununterbrochen läuft.

Für die Herstellung der maschinellen Prägearbeiten ist von besonderer Wichtigkeit die Beschaffenheit des Materials, das verarbeitet werden soll. Zur Vermeidung von Schwierigkeiten muß der Präger sein Möglichstes tun. Er soll größere Warenposten der gleichen Arten unbedingt hintereinander aufarbeiten, vor allem aber keine zu frische Druckware verarbeiten, weil sich die Farbe sehr oft

in die Stempelgravur ablegt und dadurch die Ware an Ansehen verliert. Schwierigkeiten hinsichtlich der Beschaffenheit des Papiers fallen nicht dem Präger zur Last, sondern ihre Vermeidung bzw. Vorbeugung ist Sache der Betriebsbeamten, die das zu verarbeitende Material hinsichtlich seiner Verwendbarkeit oder der besonderen daran gestellten Ansprüche kennen müssen. Wie kommt nun die Prägung bei der Schnelligkeit der Arbeit immer auf die richtige Stelle? Zu diesem Zwecke werden bei der Ware — sofern nicht mit einer Anlage gearbeitet wird — Nadelpunkte mitgedruckt. Das sind Punkte, die innerhalb oder außerhalb des Bilddruckes — in diesem Falle besonders gekennzeichnet — liegen und vermittels einer Nadel vorher durchstochen werden. An den gleichen Stellen befinden sich auf der Prägeplatte federnde Nadeln, auf die die Blätter bei jedem Prägevorgang aufgesteckt werden, bevor sie samt Stempel in die Einfahrt der Maschine gelangen, die mechanisch aus- und eingeschaltet durch Herabdrücken des Pressenkopfes mittels einer Spindel den Prägedruck besorgt.
Wir kommen nun bei der Ausübung des Prägens noch auf einzelne Besonderheiten zu sprechen. Wird das Papier nur Relief (blind) geprägt, so besteht die Arbeit nur aus dem Auflegen des Papiers über die Punkturnadeln. Hiernach ist die Matritze mit den Stiften in die Führungslöcher einzuführen, und es erfolgt der Prägedruck. Die Platten für glatte Prägungen erfordern keine weitere Behandlung im Vergleich zu denen, die für Durchbrucharbeiten bestimmt sind, weil sich bei solchen die Abfallteile der ausgeschnittenen Partien leicht in die Gravur der Platte ablegen und dadurch die durch die Hochprägung bedungene plastische Wirkung ungünstig beeinflussen. Daher ist die Herstellung von Prägungen mit mehr oder minder vielen Durchbruchteilen der Papierfläche etwas schwierig. Bei diesen erfolgt gleichzeitig mit dem Prägen das Schneiden, das jedoch auch aus mancherlei Gründen gesondert ausgeführt werden kann. Bevor das zu prägende Papierblatt auf die Platte gelegt wird, muß diese jedesmal vermittels einer entsprechend präparierten, kräftigen, dichtborstigen Bürste mehrmals gleichmäßig überstrichen werden, um ein Anhaften der Prägeblätter an der Platte zu verhindern. Aus diesem Grunde werden wir uns mit der Behandlung derartiger Stempel während des Präge- bzw. Schneidevorganges etwas näher zu befassen haben.
Das Ausbürsten der Platten erfolgt bei unlackierten Drucken vermittels einer über Talg gestrichenen, bei lackierter Ware vermittels einer in Öl getränkten Bürste. In letzterem Falle tue man von dem Öl ein Quantum auf ein Stück Filz und lasse das Öl durch die porösen Schichten des Filzes gut durchziehen. Natürlich muß der Filz gut getränkt sein. Auf diese elastische Masse drückt man die Bürste durch einen kurzen Druck der Hand, die den Stiel hält, und streicht dann gleichmäßig und leicht mit der so getränkten Bürste über die Gravur der Platte. Es sei ausdrücklich davor gewarnt, Platten zur Prägung unlackierter Drucke auf Kreide-

papier etwa mit einer in reinem Öl getränkten Bürste zu überstreichen, weil durch die Ölaufnahme in die Stoffteile der Prägeblätter infolge der Saugfähigkeit des Papiers die Ware unbrauchbar werden würde.

Bei Reliefprägeplatten mit Schneidelinien ist in gleicher Weise zu verfahren wie bei getrennten Schneide- und Prägeplatten, nur ist nach dem Auflegen des zu bearbeitenden Papiers eine Stanzpappe auf die Platte zu legen und dann Druck zu geben, um zunächst das Papier zu durchschneiden. Nach Abheben der Stanzpappe ist der äußere Papierabfall sorgsam zu entfernen und dann die Matrizenpappe aufzulegen. Wir wollen bei dieser Gelegenheit nicht zu erwähnen unterlassen, daß der Stanzdeckel von Zeit zu Zeit mit Talg abgerieben und, um Schmieren zu vermeiden, gleich mit Federweiß eingestaubt werden muß. Dadurch wird eine Glätte erzielt, die für schnelles Arbeiten unbedingt erforderlich ist.

Größere ausgeschnittene Teile lassen sich durch Ausklopfen mit der flachen Handfläche leicht aus der Platte abheben, kleinere Teile haften jedoch oft fest und müssen mit der Ahle ausgehoben werden. Um ein Festhalten von Durchbruchprägeblättern an der Platte zu vermeiden, ist es empfehlenswert, Stellen, an denen diese Schwierigkeiten besonders zu befürchten sind, mit Kupferblech auszulegen, wodurch ein glattes Loslösen der Prägestücke aus der Platte ermöglicht wird. Bei ungleicher Ausarbeitung der Schneideplatten wird es auch empfehlenswert sein, an besonders schwierigen Stellen (Durchbruchstellen auf den Stahlstempeln) auf den betreffenden Stellen auf der Rückseite der Platte Papierstücke aufzukleben, weil durch die geschaffene Erhöhung die Schneidekraft verschärft wird, wodurch bei Preßdruck ein glatterer Durchschlag erzielt wird. Bei sehr fein gearbeiteten Gravuren solcher Artikel, die von der Platte zugleich geschnitten werden und aus sehr dünnen Stoffen bestehen, wie beispielsweise bei Kuchenpapieren für Torten u.a.m., müssen diese vorher präpariert werden. Es handelt sich bei diesen Artikeln um holzfreie Papiere von äußerst dünner Qualität (sogenannte Florpostpapiere), welche, da in mehreren Lagen zugleich bearbeitet, sich unter dem großen Prägedruck auf dem Balancier während des Stanzens so fest aneinanderschmiegen, daß die Lagen nur mit großer Mühe auseinander zu bekommen sind, wobei natürlich sehr viel Ausschuß entstehen würde. In solchen Fällen tut man gut, die auf bestimmte Formate geschnittenen Papierlagen vorher durch Talkum zu ziehen. Durch die gleichmäßige Fettaufnahme der Papieroberfläche wird dem Zusammenkleben sehr wirksam vorgebeugt. Natürlich muß das Durchziehen durch das Pulver mit großer Sorgfalt von sich gehen, um auch alle Teile der Papieroberfläche mit demselben in Berührung zu bringen.

Daß Artikel, besonders Klappkarten aller Art, auch gleichzeitig von der Platte während des Prägevorganges geritzt werden können, um eine Umbruchstelle zu haben, sei noch beiläufig erwähnt; doch muß besonders bei stark auftragendem Inhalt (besonders bei Kreidepapieren) auf die Möglichkeit Rücksicht genommen werden, daß Brüche entstehen oder die Auftragsschicht abblättert. Diesen Übelständen helfen nur Stichproben vor Verarbeitung des Papiers ab. Dem völligen Durchbrechen der Umbruchstellen läßt sich, wenn nicht schon durch eine entsprechende Beschaffenheit des Papiers darauf Rücksicht genommen ist, durch vorheriges Hinterkleben der Kniffstellen vorbeugen. Auch durch Hinterkleben mit gleichartigen Vorschnitten und nochmaliges Prägen lassen sich abgebrochene Teile wieder ungesehen machen.

Die Monogrammprägetechnik

Die Herstellung der Monogramme zu kennen, ist ebenso notwendig wie interessant, weil diese Technik oft ein Hauptfaktor hinsichtlich der Ausschmückung von Luxuskarten sowie Drucksachen ist. Hervorgegangen ist sie wohl aus den ersten Versuchen, verschlungene Buchstaben (Monogramme) auf Papier zu prägen, wobei erstrebt wurde, die Prägung in Farben wiederzugeben, um so eigenartige Wirkungen zu erzielen, die sich angenehm von den bis dahin gekannten Bildprägungen abhoben. Die Technik selber ist je nach der Beschaffenheit (Gravur) des Stempels und wohl auch der mehr oder weniger künstlerischen Veranlagung der ausübenden Person in den verschiedensten Betrieben der Papierverarbeitung eine andere. Man unterscheidet in der Hauptsache sogenannte Relief- und Tiefgravuren sowie solche, die, strichartig hergestellt, dem Stahlstich ähnlich sind. Das zum Stempel erforderliche Material sollte immer Stahl sein. Messing, Rotguß oder Bronzemetall sind ihrer geringen Konsistenz wegen weniger geeignet. Zudem lassen sie aufgetragene reine, helle Farben, die meist sehr empfindlich sind, getrübt erscheinen, was bei Verwendung von Stahlstempeln ausgeschlossen ist. Messingstempel werden meist dann geschnitten, wenn es sich um kleine Monogrammstempel handelt, die in der Zeichnung besonders sehr fein ausgearbeitet sein müssen. Für weniger anspruchsvolle und besonders größere Arbeiten nimmt man Stahlstempel, die natürlich auch entsprechend mehr aushalten können. Über die zur Verwendung kommende Maschine dürfte sich zu sprechen erübrigen, da sie den meisten der Leser aus der Praxis schon bekannt sein dürfte. Wir wollen uns lediglich auf den Hinweis beschränken, daß besonders in letzter Zeit die Pressen mit selbsttätigen Wischvorrichtungen mehr und mehr Anwendung finden. Wir schreiten jetzt zu der eigentlichen Technik der Monogrammprägerei, welche vermöge ihrer technischen Eigenart die zartesten Töne in großer Schärfe wiedergibt, wie beispielsweise ein vorzüglicher Autotypiedruck alle Feinheiten der betreffenden Ätzung erkennen läßt.

Was zunächst die Farben, die zur Verwendung kommen, anbetrifft, so sind sie ebenso wie für den Druck auf den Zylinderpressen des Buchdrucks ausschlaggebend für die Erzielung guter Resultate. Lackfarben haben anderen gegenüber den Vorzug, daß sie mit schönem Glanz auftrocknen und so eine eigenartige Wirkung hervorbringen.

Außerdem kommen Wasser-, Gummi- oder Honigfarben in Anwendung. Mehrfarbige Prägungen zu erzielen, setzt immerhin eine Geschicklichkeit des Arbeiters voraus. Entweder trägt man mehrere Farben für einen Druck gleichzeitig auf oder aber erreicht die Mehrfarbenwirkung durch Verwendung einzelner Farbplatten, wobei natürlich durch Nadeln oder Anlegen des die Prägung aufnehmenden Kartons ein genaues Passen der verschiedenen Platten herbeigeführt werden muß.

Frische Prägungen kann man auch mit Gold, Silber oder beliebiger Bronze in Pulverform überstäuben, legt über den von Farbe gesäuberten Stempel eine blanke Zinn- oder Kupferfolie und gibt auf dieser vorher vollkommen getrockneten Prägung einen zweiten scharfen Druck. Dadurch erhält die Bronze infolge der blanken, harten Folienfläche eine Politur, die zu anderen bunten oder stumpfen Farben auf das angenehmste gegenwirkt.

Die Entfernung jeder nicht in die Vertiefung der Gravur eingedrungenen Farbe ist notwendig, um überhaupt eine Monogrammprägung herstellen zu können. Man bedient sich zu diesem Zwecke des Wischers, eines glatt aufliegenden Blockes aus Affichen- oder Seidenpapier von etwa Fingerdicke in Oktavformat; mehr oder minder starke Lagen sind je nach der Gravur auszuproben. Auch wird es sich aus der Prägung selbst und der Beschaffenheit des Metallstempels ergeben, ob man mehr rauhes oder glattes Papier anwenden muß. Dieses Wischpapier wird an der Kante fest zusammengepreßt und ist mäßig mit gutem Terpentin zu durchtränken, den man durch Beschweren des ganzen Blockes durch die einzelnen Blätter hindurchziehen läßt, damit alle möglichst gleichmäßig gefeuchtet werden. Dieses so zubereitete Papier nimmt nun von dem mit der eingefärbten Seite mittels Handbewegungen flach darauf hin und her bewegten Stempel die Farbe von der Oberfläche desselben ab und läßt selbst die zartesten Vertiefungen der Gravur unberührt. Zum Einfärben der Prägeplatte nimmt man entweder einen nicht zu weichen, elastischen Borstenpinsel oder eine gewöhnliche Zahnbürste. Die Wahl dieses Geräts hängt von der Beschaffenheit der Farbe ab. Ein mit der Monogrammprägearbeit vielfach in Zusammenhang stehendes Verfahren ist der Flach- oder Walzendruck. Es handelt sich dabei darum, Flächen oder Töne zu erzielen, die zur Unterstützung der Zeichnung dienen sollen. Solche Töne werden mit einer Handwalze auf den Stempel aufgewalzt, da es nur darauf ankommt, die Oberfläche desselben mit Farbe zu versehen. Beim Abdruck müssen die gravierten Stellen als weiße Lichter wirken, die Farbe darf also in ausgesparte tiefe Stellen der Oberfläche nicht eindringen. Die zur Verwendung kommende Farbe ist beim Walzendruck jedoch mit Firnis statt mit Lack zusammengestellt, weil Lackfarben sich nicht zu einer gedeckten Fläche verwalzen lassen. Die Farbe muß vorher gründlich zerrieben werden, was meist auf einem kleinen Lithographiestein mit Hilfe einer Spachtel vor sich geht.

Für den Erhalt einer guten Prägung ausschlaggebend ist genau wie bei der Reliefprägung auf den Balanciers die Beschaffenheit der Matrize. Entweder wird der Stempel auf dem unteren Teil der Presse angebracht und die Matrize oben oder umgekehrt. Das Aufkleben des Stempels auf dem Stempelklotz erfolgt am besten mittels erhitzten Kautschuks. Auf den Matrizenklotz klebt man zunächst ein Stück einseitig mit Leim bestrichene Lederpappe bis zu 1½ mm Stärke, welche genau die Größe des Stempels haben muß. Nach Aufkleben der ersten Pappstücke sind einige kräftige Zuschläge erforderlich. In dieser Weise wird so lange nachgeklebt, bis das erhabene Bild auf dem Pappstück hervortritt, wenn es sich um eine Reliefprägung handelt. Ist die Prägung jedoch Flachgravur, so muß ein farbiger Aufdruck gemacht werden. Tritt die Plastik der Gravur auf der Matrize scharf hervor, dann werden sorgfältig, immer 1 mm von der äußersten Umrißlinie einsetzend, die unbenützten Teile der Pappe weggeschnitten. Kleine Zwischenräume innerhalb der Zeichnung läßt man bestehen. Die fertige Matrize überklebt man am besten mit dünnem grauem Gummituch, indem man noch einigen Druck auf der Presse gibt, um dasselbe in die plastischen Formen der Gravur zu bringen. Das Entfernen überflüssigen Fleisches ist notwendig, um die Kraft des Druckes nicht zu schwächen. Um die Matrizenauflage elastisch zu machen, kann man das Gummituch (wie es für sanitäre Zwecke gebraucht wird) auch mit einer dünnen Schicht Kautschuk aufkleben. Eine harte Matrize würde bei dunkelfarbigem Papier einen dunklen Rand um die Prägung hinterlassen, während weiße Papiere durchsichtige Stellen aufweisen würden (den Spiegel).

Das Ausspritzen der Farbe, wie es zuweilen in der Technik auftritt, hat seinen Grund in zu dünner Farbe, oder die Pappe ist nicht dicht genug an der Zeichnung abgestochen. Durch geschickte Zubereitung der Matrize lassen sich auch sogenannte wolkige Drucke erzielen. Ausgesparte, also keine Farbe enthaltende Stellen lassen sich in einem Arbeitsgang reliefartig herausprägen. Hiermit sind im allgemeinen die Vorbedingungen für die Monogrammprägung erschöpft. Bei einiger Übung ist es nicht so schwer, selbst mehrere Farben nebeneinander aufzutragen, die gänzlich voneinander verschieden sind oder ineinander verlaufen, wie wir es vom Irisdruck in der Buch- und Steindrucktechnik her kennen. In einem folgenden Abschnitt werden wir die Verwendung der Maschinen mit selbsttätiger Wisch- und Einfärbevorrichtung kennenlernen im Gegensatz zu der Technik der Monogrammprägung unter Benutzung des Handbalanciers.

Kleine Monogrammarbeiten stellt man am besten auf der Handbalancierpresse her. Diese Maschine besteht aus einem starken Hohlgußteil mit möglichst weiter Ausladung. Der Führungsteil, woran der Kasten, der den Schlitten mit dem Stempel aufnimmt, befestigt ist, wird von 2 Backen gehalten. Durch Schrauben fest aneinandergefügt, lassen sie dem Führungsteil noch gerade genügend Spielraum zum Auf- und Niedergleiten. Diese Bewegung wird hervorgerufen durch eine in dem oberen Teil des Pressenkopfes eingeführte Spindel, welche oben mit dem Schwungrad verbunden ist. Der untere Teil des Balancierkörpers enthält, genau unter dem Schlitten gelagert und horizontal ausgerichtet, eine Platte zur Aufnahme der Matrize. Durch den am Schwungrad befestigten Handgriff wird dasselbe in rotierende Bewegung versetzt, und die Spindel treibt den Kasten mit Schieber und Stempel senkrecht auf die erwähnte Matrizenplatte. Im Augenblick der Berührung beider Teile würde zwar die eigentliche Prägung verrichtet sein, dann aber würde die Presse in dieser Stellung verharren. Es müßte also bei Fortsetzung der Arbeit das Rad erst wieder zurückgedreht werden. Wie umständlich dies wäre, liegt auf der Hand. Die Aufwärtsbewegung des Preßkörpers hat man durch zwei starke, seitlich gelagerte Federn (Spiralen) erzielt, welche außerdem den Zweck haben, den auszuübenden Prägedruck weicher und elastischer zu gestalten. Die Benutzung von Spiralfedern ist allen übrigen Arten vorzuziehen, weil sie widerstandsfähiger sind und die Führung sicherer besorgen als die stahlgehämmerten langen Federn.

Außer den Maschinen für den Hand- gibt es auch solche für den Fußbetrieb, bei denen man zwar beide Hände zum Arbeiten frei hat, aber nicht imstande ist, einen annähernd so schweren Druck zu erzielen wie bei der besprochenen Bauart. Monogrammprägedruck in Farben läßt sich, außer wie schon erwähnt, auf der Tiegeldruckpresse, auch auf der Kniehebelpresse herstellen, wozu jede für Preßvergoldearbeiten hergerichtete Presse durch eine kleine Abänderung der Einführung zugerichtet werden kann.

Wir wollen uns zum Schluß noch einige Hinweise über das Aufbewahren der erfolgten Prägungen dienen lassen. Wenn solche frisch sind, müssen sie nebeneinander einzeln auf großen Pappen oder Brettern ausgelegt und je nach der Beschaffenheit der Gravur sowie der Farbe mindestens 2 bis 3 Tage zum Trocknen liegenbleiben. Um möglichst wenig Raum zu verlieren, werden solche Ablegebretter, die sehr dünn sein können, am besten in fächerartig eingeteilten Gestellen aufbewahrt (Horden). Die Bauart derselben ist die denkbar einfachste. Das ganze Gestell besteht aus übereinander angeordneten Leisten, mit entsprechenden Zwischenräumen zur Aufnahme der Ablegebretter. Der besseren Raumausnützung wegen empfiehlt es sich, die einzelnen Abteilungen solcher Horden ziemlich eng zu bauen, immer aber muß man daran denken, daß die Prägung nicht irgendwie berührt oder gar beschädigt wird. Die Monogrammprägerei ist eine recht lohnende, wenn die Einrichtungen entsprechend sind. Sie läßt sich außerdem auch an gewisse Zweige der Papierverarbeitung bequem anschließen. Um Erfolge aufweisen zu können, ist außer der Auswahl und Gediegenheit des Arbeitsmaterials auch die Zweckmäßigkeit des Arbeitens und die Gewandtheit des Prägers als ausschlaggebend zu betrachten zur Erzielung annehmbarer Erfolge bei der Ausübung dieser Arbeitsleistung.

Die Monogrammprägepressen mit selbsttätiger Wisch- und Einfärbevorrichtung

Zu den Spezialitäten einiger bedeutenden Fabriken, die sich mit dem Bau von Papierbearbeitungsmaschinen befassen, gehören in erster Reihe auch solche, die zu einer Vereinfachung des Monogrammprägeverfahrens dienen. Das sind die Maschinen mit selbsttätiger Einfärbe- und Wischvorrichtung, auf deren Vorzüge und Nachteile wir näher eingehen wollen. Es ist ein durchaus anfechtbarer Standpunkt, wenn man glaubt, daß durch die Größe der Maschine die Präzision und der Ausfall der Ware ungünstig beeinflußt werden. Das wird nur dann der Fall sein, wenn man es bei der Zurichtung an der nötigen Aufmerksamkeit fehlen läßt. Von Anfang an müssen wir uns jedoch darüber klar sein, daß das Arbeiten an selbsttätigen Monogrammprägepressen nur dann ein lohnendes sein kann, wenn ständig große Posten zur Aufarbeitung vorhanden sind, damit die Maschine keinen Stillstand hat.

Der Monogrammprägedruck auf den Maschinen mit selbsttätiger Wischvorrichtung wird selbstverständlich nur für jeweils einfarbige Sachen einen praktischen Wert haben. Trotz aller unverkennbaren Vorteile, welche die Benutzung solcher Maschinen bieten, ist doch in vielen Fällen der Gebrauch der Tiegeldruckpresse vorzuziehen, weil sie sich nicht nur zum Prägen, sondern auch zum Drucken bzw. beide Vorrichtungen zugleich bewerkstelligend verwenden läßt.

In bezug auf den Farbverbrauch soll nicht unerwähnt bleiben, daß dieser bei der Tiegeldruckpresse trotz der zweimaligen Einfärbung ein viel sparsamerer sein wird als bei den Einfärbungsvorrichtungen der selbsttätigen Monogrammprägepressen, wobei wir auch die rationelle Benutzung der Wischvorrichtung bei den Handbalanicers nicht außer acht lassen wollen. Bei diesen kann jedes Seidenpapierblatt verschiedene Male immer wieder verwendet und dadurch vollkommen ausgenutzt werden, während bei der selbsttätigen Zuführung das Wischpapier nur immer einmal benutzt werden kann, wodurch bei großen Auflagen immerhin ein Mehrerfordernis an Material in Anrechnung zu bringen sein wird. Das Wischpapier für diesen Zweck muß dem Zug auf der Maschine standhalten, trotzdem aber muß es von sehr weicher, schmiegsamer Qualität sein, um die polierte Oberfläche des Stahlstempels nicht anzugreifen.

Die Beschaffenheit des Stempelmaterials muß eine besonders dauerhafte sein (gehärteter Stahl), weil durch die mechanische Wischvorrichtung die Stempeloberfläche mit der Gravur eines aus zu weichem Metall bestehenden Stempels allzubald abgeschliffen werden würde. In jedem Falle ist die Abnützung des Stempels eine größere als bei dem allgemein üblichen Monogrammprägebalancier mit Handbetrieb.

Unter den Maschinen mit selbsttätiger Einfärbevorrichtung treffen wir ebenfalls Hand- und Kraftpressen der verschiedensten Konstruktion. Die Vorzüge der

Benutzung von Buchdruckschnellpressen wurden wiederholt in der Fachpresse hervorgehoben, und mehr oder minder viele Leser kennen wohl auch schon deren Dienste für die Prägetechnik, wenn sie auch natürlich nicht gegen die n u r zum Prägen bestimmten Balancierpressen aufkommen können. Im allgemeinen kann man sagen, daß sich Reliefprägedrucke auf der Buchdruckpresse (Tiegeldruckpresse) nur rationell gestalten lassen werden, wenn es sich um größere Flächen handelt.

Um auf die selbsttätigen Pressen zu sprechen zu kommen, müssen wir vorausschicken, daß man dabei reinen Reliefdruck (Blindprägungen) und solche für kombinierten Relief- und Farbdruck unterscheidet. Wie die erstere, so erfolgt auch die letztere Druckart in einem Arbeitsgange. Durch den Aufdruck von beliebig vielen Farben kann man Buchumschlägen, Plakaten, Post- oder Geschäftskarten u. dgl. ein künstlerisches Aussehen verleihen. Für die Massenherstellungen solcher Arbeiten dienen besonders Kniehebelpressen mit automatischer Einfärbung. Auf dem feststehenden Druckkopf der Presse wird die gravierte oder geätzte Platte aus Stahl oder Messing befestigt und auf dem selbsttätig aus- und einfahrenden Tisch die aus Pappe oder anderem formbaren Material bestehende Gegenmatrize befestigt. Die Bedienungsperson hat nur nötig, den Karton, die Pappe o. dgl. auf dem Tisch auszulegen, welcher sich zu diesem Zweck in seiner Außenstellung eine entsprechende Zeit in Ruhelage befindet. Das Einfärben der Prägeplatte, sowie alle anderen Bewegungen der Presse geschehen automatisch; auch für Autotypiedrucke sind sie geeignet. Durch einige Handgriffe kann das automatische Farbwerk abgestellt werden, so daß sich die Maschine für Blinddrucke, Vergoldungen (Aufpressen von Blattgold), zum Stanzen usw. mit Vorteil verwenden läßt.

Außer den eben erwähnten Pressen, bei denen das Relief immer in der Farbe des Prägematerials (Karton usw.) erscheint und der Farbe gedruckt wird, werden auch noch Reliefdruckpressen (sogenannte Monogrammpressen) mit automatischer Einfärbung gebaut, mit denen man, wie schon der Name andeutet, das Relief prägt und gleichzeitig färbt. Bisher mußte die gravierte Platte nach jedem Druck aus der Maschine herausgenommen werden, um das Einfärben mittels einer Bürste oder eines Pinsels vorzunehmen. Auf diese Weise wird sowohl die vertiefte Prägung als auch der Fond mit Farbe bestrichen. Der Fond soll aber farblos bleiben. Die Platte wird deshalb über Wischpapier gezogen, so daß nur die vertiefte Gravur die Farbe behält, und dann wieder in die Maschine eingeschoben. Es erfolgt hierauf der Druck, wobei ebenfalls eine Pappmatrize als Gegenform dient. Die obenerwähnte Monogrammpresse besorgt sowohl das Einfärben der Platte als auch das Abwischen automatisch. Der Druck geschieht mittels einer Spindel und Schlagrad von Hand. Die Leistungsfähigkeit dieser Presse ist daher um ein Bedeutendes gesteigert. Sie hat nur eine kleine Druckfläche und ist daher hauptsächlich für die Prägung von Papiermedaillons, Monogrammen und kleinen Inschriften in Reliefdruck auf Briefbogen, Umschlägen, Karten, Passepartouts usw. bestimmt.

Mit Bezug auf den Vergoldedruck möchte ich als Abschluß dieser Betrachtung noch die Maschinen mit selbsttätiger Blattgoldzuführung besprechen. Das erstrebenswerteste Ziel einer jeden Prägeanstalt war bisher, eine Methode zu finden, um Gold -und Metallprägungen leichter, unabhängiger und schneller herzustellen. Es gelang, eine vollständig automatisch arbeitende Presse herzustellen, bei welcher sowohl das Gold, Blattmetall, Aluminium und Farbfolienpapier, als auch das zu prägende Material selbsttätig zugeführt wird. Dadurch wurde eine nie erwartete Leistungsfähigkeit erzielt, kommt man doch auf 50 bis 60 Prägungen in der Minute, ohne den Mechanismus der Presse übermäßig anzustrengen. Diese Leistungsfähigkeit spricht für sich selbst, denn sie bedeutet ungefähr das Fünfzehnfache der bisherigen Methode der Blattgoldauflagen von Hand. Für Seifen-, Zigaretten-, Schokoladenpackungen usw. ist eine Vorrichtung an der Presse angebracht worden, welche das zu prägende Papier respektive den Karton gleich von der Rolle prägt. Das Papier respektive der Karton wird in beliebigen Größen vorgezogen und gleichzeitig in entsprechende Formate zerschnitten. Mit dieser Zuführung ist die Leistungsfähigkeit eine unbegrenzte. Für Karten und Karton usw. erfolgt die Zuführung ebenfalls automatisch und hat die Person, welche die Presse bedient, die Sachen nur stoßweise einzulegen, alles übrige besorgt die Presse selbst.

Die Gold- respektive Blattzuführung erfolgt, wie bereits gesagt, von Rollen; diese Rollen sind derartig hergestellt, daß das Gold respektive Blattmetall an beiden Seiten von schmalen Papierstreifen getragen und so unter den Stempel gezogen wird. Durch eine Schneidevorrichtung wird vorher das Blattgold respektive Blattmetall in entsprechende Größen geschnitten, so daß irgendein Verlust bis auf den Millimeter vermieden wird. Durch diese sparsame Ausnützung des Blattgoldes und des Blattmetalles stellt es sich in Rollen gegenüber dem Verbrauch an losem Blattmetall ganz unmerklich teurer, was bei 1000 Prägungen nur wenige Pfennige beträgt. Dieser geringe Aufschlag kommt aber bei Berücksichtigung der bedeutenden Ersparnisse an Arbeitslohn, Heizung, Platz usw. gar nicht in Betracht. Die Prägerollen werden von 10 bis 140 mm in jeder Millimeterbreite geführt, so daß also das Material soweit als möglich ausnutzbar ist, was bei losem Blattgold und -metall ausgeschlossen ist. Auch werden breitere Rollen von 145 bis 280 mm geliefert, jedoch haben diese noch in der Mitte einen dritten Führungsstreifen. Die Pressen sind für Kraftbetrieb eingerichtet und mit Gasheizung versehen; sie können jedoch auch für elektrische Heizung eingerichtet werden.

Die Preßvergolderei

Eng verknüpft mit dem Verfahren der Monogrammprägetechnik ist die Preßvergolderei, Tiefpreß- oder auch kurzweg Heißprägung genannt. Die Herstellungskosten sind im Verhältnis zu denen der Monogrammprägerei geringere. Man bedient sich des Heißprägeverfahrens, um Luxusartikeln durch Aufbringen von geeigneten Hinweisen auf Ereignisse in dem Familienleben, als da sind: Geburts- oder andere frohe Festtage, oder auch durch Aufbringen einer ornamentalen Gold- oder Silberverzierung ein gefälliges Aussehen zu geben. Goldschmuck eignet sich besonders für allgemeine Fälle, während man sich des Silberschmuckes unter Verwendung des Aluminiumschlages besonders zur Herstellung gewisser Spezialartikel bedient, wie Texte zur Silberhochzeit, Beileidskarten u.a.m. Es seien auch die Kranzschleifen nicht vergessen.

Die weitaus größte Verbreitung hat das Tiefpreßverfahren natürlich auf dem Gebiete der Gratulationskarten gefunden, deren Erzeugnisse sich ein jeder bei den verschiedenensten Familien- und festlichen Anlässen zu bedienen pflegt.

Die Verwendung des festen Metallauftrags bedingt eine längere Haltbarkeit der betreffenden Rohmaterialien; die auf diese Weise ausgestatteten Erzeugnisse gewinnen an Ausdruck. Um zu erreichen, daß das auszuschmückende Erzeugnis auch in der Tat den Anforderungen entspricht, die man vom künstlerischen Standpunkt zu stellen berechtigt ist, nämlich eine vollkommene, durchaus einwandfreie Deckung zu erzielen, muß die zu dekorierende Fläche, auf welche das Blattmetall abgegeben werden soll, vorher entsprechend behandelt werden. Wenn dem zu bearbeitenden Material die Bindemittel fehlen, so müssen solche zuvor aufgebracht werden. Die Artikel, die bearbeitet werden sollen, werden zuvor mit Talkum (Vergoldepulver) eingerieben oder mit eiweißhaltiger Lösung bestrichen, weil sonst das Blattmetall, welches dazu erforderlich ist, um den Schriften oder ornamentalen Verzierungen den gewünschten Ausdruck als Gold-, Silber- oder sonst welcher Metallimitation zu geben, sich mit der Prägefläche nicht verbinden würde. Die Folge wäre, daß sich dasselbe vor dem Prägen verschieben oder nach erfolgter Prägung von der Fläche abblättern würde. Für farbige Tiefprägungen verwendet man farbiges Mosaikpapier, für weiße und farbige Pressungen, sowie besonders für große und weiße Flächen Präge- oder Unterdruckpapier. Eine besondere Art desselben, die allbekannten Öser-, Farb- oder Bronze-Folien sind ganz dünn gearbeitete Farb- bzw. Metallblättchen, zu deren Benutzung ein vorheriges Grundieren der Fläche überflüssig erscheint.

In dieser Abhandlung ist in der Hauptsache über Tiefpreßverfahren auf dem Gebiete der Gratulationskarten und sonstiger Erzeugnisse der Luxuspapierfabrikation zu sprechen, während die Preßvergolderei andererseits auch für Bucheinbandzwecke Verwendung findet. Es sei darauf hingewiesen, daß die Verarbeitung von echtem Blattgold, ganz besonders jedoch von Blattmetall (Schlagmetall) in den letzten Jahren stark zurückgegangen ist und daß man, falls sich Echtgold für die Prägezwecke als zu teuer erweist, heute wohl ausschließlich Prägefolien verwendet.

Wir haben nun das Ausputzen und Auswischen der unter Verwendung von Blattmetall hergestellten Prägungen zu erwähnen, was mitunter sehr oberflächlich betrieben wird. Bei derartigen Prägungen ist es nötig, daß das Ausputzen von einer Hilfsarbeiterin sofort besorgt wird, und zwar muß diese dem Präger stets nachkommen, sie muß demselben sozusagen die Karten aus der Hand nehmen. Merkt sie, daß etwas nicht in Ordnung ist, so hat sie den Präger unverzüglich darauf aufmerksam zu machen, damit dieser dem Mangel sofort abhelfen kann.

Auch muß beim Abputzen darauf geachtet werden, daß möglichst alle Linien, ob gerade oder in Form von Verzierungen, niemals in der Längsrichtung ausgeputzt werden. Bei den Schriften muß man möglichst ebenso verfahren. Den Vorteil wird man namentlich dann bemerken, wenn man mit sprödem Material zu arbeiten hat. Bei der Verwendung des zu verarbeitenden echten Blattgoldes lassen sich auch die Vorzüge der Sparsamkeit genießen. Prägungen mit solchem Metall werden über einen Kasten abgestaubt, dessen Deckel mit einem Drahtnetz versehen ist, zwischen dessen Maschen die abgeputzten, nicht haftenden Reste fallen und gesammelt werden, bis man glaubt, genügend Material beisammen zu haben. Es wäre töricht, das nicht verbrauchte Metall fortzuwerfen, da dasselbe von Händlern aufgekauft und wieder verarbeitet werden kann. Für Abfälle von echtem Blattgold beispielsweise wird man, besonders wenn es in größeren Mengen verarbeitet wird, immerhin einen nennenswerten Betrag erzielen können. Das Metall wird ausgeglüht, wobei sich die Schlacke von dem Kernmetall absondert, und dieses kauft jede Münze oder die Zwischenhändler nach dem Tageswert der Börsennotierungen.

Ein schlechtes Haften des Blattmetalls auf der Prägefläche ist zuweilen auch auf eine mangelhafte Qualität des Vergoldepulvers, auf zu schwachen Druck oder nicht genügende Hitze der Presse zurückzuführen. Auch der Verwendung findenden Matrize muß die nötige Sorgfalt geschenkt werden. Daher verwende man in Fällen, wo der Karton mit unechtem Blattmetall versehen werden soll, nur vollkommen säurefreie Bindemittel. Ob ein solches säurehaltig ist, findet man leicht, indem man ein blaues Lackmuspapier damit in Verbindung bringt, welches in solchem Falle eine rötliche Färbung annehmen wird. Auch feuchte Luft in den Räumen, in denen solche Prägungen aufbewahrt werden, ist oftmals die Ursache solcher Vorkommnisse, was nicht selten der Fall ist, besonders, wenn die Ware in mangelhaft verschlossenen Paketen aufbewahrt wird. Die vielleicht nicht gerade sehr sorgfältig geschlossenen Pakete gestatten das Eindringen der Luft, welche Schwefelkohlendünste ausscheidet, und die Folge davon ist das Oxydieren der Prägeflächen. Metall, besonders unechtes, oxydiert immer nach Ablauf einer gewissen Zeit, auch wenn es trocken lagert, genau wie Messing stets oxydiert, wenn es der Luft ausgesetzt ist, was bei Foliendrucken jedoch ausgeschlossen ist. Wir kommen nun auf die Technik des Prägens selbst zu sprechen. Das geschieht in folgender Weise: Auf den Schieber, auch Schlitten genannt, der das zu bearbeitende Material mit dem Prägestempel in Verbindung bringt, wird ein Stück Pappe geklebt, um eine glatte Anlagefläche zu haben. Bei Flachprägungen genügt eine harte Pappunterlage. Man nimmt am besten hierzu Stanzpappe. Bei Hochprägungen muß eine Matrize gemacht werden. Auf diese flachliegende Pappe macht sich der Preßvergolder eine Anlage in der Weise, daß er auf diese Fläche Kartonstreifen in der Längs- und Querrichtung klebt. Diese Vorrichtung hindert ein Verschieben der Gegenstände während des Prägens, und vor allem dient dieselbe dazu, um die Prägung immer wieder auf diejenige Stelle zu bringen, auf welche zu gelangen sie bestimmt ist. Hat man den zu bearbeitenden Gegenstand, wie bereits erwähnt, mit Talkum und Puder vorbereitet, so legt man auf diejenige Stelle, welche die Pressung erhalten soll, ein Stück Blattmetall, über dessen Beschaffenheit wir uns das Notwendigste bereits dienen ließen.

Es soll nicht unerwähnt bleiben, daß der Teil der Maschine, in welchem die Schlitten ruhen, angewärmt werden muß. Man bedient sich hierbei der Gasheizung. Die Flammen liegen in den bei jeder Kniehebelpresse ersichtlichen kreisförmigen Öffnungen in dem mittleren Teil der Maschine. Geschähe dies nicht, so würde sich das Blattmetall nicht mit dem Vergoldepapier in Verbindung bringen lassen. In diesem Falle würde das Metall von der Prägefläche abblättern, was trotz aller Vorsicht dennoch zuweilen vorkommt und in den meisten Fällen auf nicht genügende Erwärmung der Maschine zurückzuführen ist. Ein bis zwei Stunden vor Arbeitsanfang muß für Anheizung gesorgt werden. Der untere Schlitten muß bei der Inbetriebsetzung der Maschine in die zu seiner Aufnahme bestimmte Einfahrt eingeschoben und der obere vermittels des Hebels heruntergepreßt werden. Auf den oberen Schlitten wird mit einem eigens präparierten Klebstoff der Stempel aufgeklebt. Durch das Herunterdrücken des Hebels wird der obere Schlitten auf das Metall und den zu pressenden Gegenstand gedrückt. Da der Stempel nicht tief graviert, die Zeichnung vielmehr erhaben gearbeitet ist, wird diese durch den Druck auf das aufgelegte Metall und dieses dann in die Prägefläche hineingepreßt. Zur Fabrikation selbst muß ein Material verarbeitet werden, das die Hitze leitet. Das geschieht durch Verwendung von Messingstempeln, wobei die Hitze von dem Fundament der Maschine bis zum Kopf des Schriftsatzes oder der Oberfläche der Gravur des Stempels geleitet wird.

Der Hebel wird dann wieder in die Ruhelage gebracht, das nicht verbrauchte Metall vermittels einer Bürste abgerieben und dann mit einem Lappen saubergewischt. Ist dieses geschehen, dann liegt die Pressung fertig vor uns.

Bei frischen Drucken muß bei Aufbringen des Blattgoldes, sowie besonders bei der nach der vorgenommenen Prägung erfolgenden Entfernung der abfallenden Teile vorsichtig verfahren werden, um ein Festhalten der abfallenden Metallteile auf der noch frischen Druckfläche zu vermeiden. Selbst das Pudern muß vorsichtig gemacht werden. Das Blattgold soll nicht größer geschnitten werden, als es die Prägefläche erforderlich macht. Man erreicht das, indem man beim Abwischen der abfallenden Teile diese vorsichtig nach außen hin (nicht etwa nach innen) auf dem kürzesten Weg zur Außenkante befördert. Es ist das fast ausschließlich leicht durchführbar, weil es sich um Texte handelt, die doch meist am Fuße der Karten usw. stehen.

Der Stahlstichdruck und die Stahlstichprägung

Von Johannes Kirstein, Hamburg-Bergstedt

Der Druck von der gestochenen Stahlplatte als Folge des Kupferstichs war neben dem Holzschnitt vom Mittelalter bis zur Erfindung der Autotypie, der auf fotochemigraphischem Wege hergestellten Druckplatte, die einzige Reproduktionsmöglichkeit bildlicher Darstellungen ihrer Zeit. Große Namen, wie Dürer, Cranach und Lukas v. d. Leyden u.a.m haben sich mit dem Stichel in der Kupfer- und Stahlplatte verewigt. Nach dem Aufkommen neuzeitlicher Reproduktionsmöglichkeiten wurde es eine Weile still um den Druck von der gestochenen Stahlplatte, bis um 1900 zuerst in England dieses Druckverfahren in einer neuen Form seine Auferstehung feierte. Es erschien jetzt im Dienste der merkantilen Drucksache mit repräsentativem Charakter. Jetzt hatte man den Vorteil entdeckt, daß man bei diesem Druckverfahren nicht nur einen einfachen Abdruck erzielen konnte, sondern gleichzeitig durch entsprechende Tiefe der Gravur eine Prägung. Die Farbe lag nun dick auf dem Papier auf.

Die einfachste Form der Stahlstichprägung wird auf der Balancierpresse hergestellt. Eine Handpresse, bei der alle Vorgänge der Arbeit von Hand ausgeführt werden. Die einzelnen Vorgänge dieses Arbeitsprozesses finden wir unter Monogrammprägungen näher beschrieben. Eine kleine Vereinfachung der Arbeit brachte die Entwicklung der sogenannten halbautomatischen Balancierpressen. Der Stempel wird bei diesen Pressen selbsttätig eingefärbt und mechanisch gewischt, nur der Druck erfolgt von Hand wie bei der einfachen Balancierpresse durch ein horizontales Schwungrad, welches im Schwung eine Spindel herunterschnellt. Durch einen kurzen, aber kräftigen, Schlag wird der Stempelträger auf das Papier und der darunter befindlichen Matrize gedrückt. Die Matrize hat die Aufgabe, den Druck auf speziell jene Partien des Druckstempels zu konzentrieren, welche das Druckbild vertieft eingraviert tragen, und so das Papier in die mit Farbe gefüllte Gravur zu drücken und diese dort herauszuholen.

Nach erfolgtem Druck wird bei diesen halbautomatischen Handpressen durch Auslösung eines Fußhebels der Druckstempel auf einem Schlitten unter dem Druckkopf der Presse seitlich herausgeschoben und wird am Endpunkt der seitlichen Bewegung durch eine kleine Walze eingefärbt. Der Stempelschlitten bewegt sich nun wieder auf den Druckkopf der Presse zu, und ein Wischer, der sich jetzt etwas gehoben hat, zwingt den Stempel, die überschüssige Farbe auf dem darübergeführten Wischpapier abzustreifen. Der Wischer ist mit einem starken Filz gepolstert, das Wischpapier, von der Rolle arbeitend, rückt bei jedem Druck um soviel weiter wie nötig ist, damit der Stempel jedesmal wieder auf ein sauberes Stück Papier trifft. Der Stempel trifft, sauber gewischt, unter dem Druckkopf ein, und jetzt ist es an der Zeit, das bereits zurückgeschwungene Horizontalschwungrad mit einem Schwung abzuschnellen, damit der nächste Druck erfolgt.

Für kleinere, anspruchslosere Arbeiten ist diese Art Pressen ganz gut geeignet. Insbesondere zum Einprägen kleinerer Texte auf Postkarten oder Etiketten wird diese Presse gern benutzt.

Eine gewisse Vollkommenheit erreichten erst die eigentlichen Stahlstich-Schnellpressen, sie erst machten dieses Verfahren wirtschaftlich und zeitigten Druckergebnisse, die den Ansprüchen an dieses Druckverfahren gerecht wurden.
Diese Pressen führen alle Arbeitsvorgänge, Einfärben, Wischen und Drucken, selbsttätig aus, nur das Anlegen und Abnehmen des Druckbogens geschieht von Hand. Aber es ist dieser manuelle Vorgang bald überholt.

Im vorigen Jahre brachte eine führende Firma des Stahlstich-Schnellpressenbaues eine vollautomatische Stahlstich-Schnellpresse mit einem präzis arbeitenden Anlegeapparat und einer Ablegevorrichtung heraus, angeschlossen ein gekoppeltes Trockengerät. Da aber zur Zeit noch die Stahlstichpressen ohne Anlageapparat in der Wirtschaft dominieren, sollen sich meine Ausführungen auf die Arbeitsweise speziell dieser Pressen beziehen. Diese Schnellpressen und die darauf entstehenden Qualitätsdruckerzeugnisse erfordern, daß an diesen Pressen ein Druckfachmann gestellt wird, der sein Fach gelernt hat und sich mit Lust und Liebe diesem Druckverfahren widmet.

Stahlstichgravuren lasse man nur bei Graveuren arbeiten, die über genügend Erfahrungen in der Stahlstichgravur verfügen, und die Eigenart dieser Technik genügend beherrschen. Etwa 7 bis 8 mm Rand müssen auf der Stahlplatte rundherum von der Gravur freibleiben, um hernach ein sauberes Wischen des Stempels zu gewährleisten und verschmierte Drucke zu vermeiden. Die Stärke der Stahlplatten soll 13 mm betragen, Platten, die dieses Maß nicht halten, müssen dementsprechend unterlegt werden. Den Pressen werden Justiermaße beigegeben, mittels der die genaue Stempelhöhe festgestellt wird. Zum Aufbau der Matrize verwendet der Stahlstichdrucker eine zähharte 25er Graupappe, die in drei

Lagen übereinander gut verleimt und angepreßt, einen guten und dauerhaften Matrizenaufbau ergeben.

Nach einem sauberen Abdruck kann mit dem Schneiden der Matrize begonnen werden. Alles „Fleisch" um das Druckbild herum muß bis auf ½ mm weggeschnitten werden. Man schneidet jeden Schnitt schräg nach außen vom Druckbild bis auf die unterste Pappe. Je sauberer und sorgfältiger bis ins Detail eine Matrize ausgeschnitten ist, um so besser ist hernach der Druck: denn nun kommt man mit weit weniger Druck aus und die häßlichen Speckränder um das Druckbild herum treten nicht in Erscheinung. Nachdem die Matrize fertig geschnitten ist, trägt man der Erscheinung Rechnung, daß alle Feinheiten, insbesondere Punkte und feine Linien, schlechter ausdrucken, und unterlegt diese Partien mit kräftigem Papier. Über die Matrize wird ein mittelstarker Preßspan geklebt, der in seiner Größe um ein Geringes kleiner sein soll als der Druckstempel und ein wenig größer als das Druckbild, weil sonst die Kanten des Stempels noch etwas Druck abbekommen und die mit Farbe verschmierten Ränder womöglich mitdrucken.

Der Preßspan gibt der Matrize den nötigen Ausgleich, und vor allem die nötige Festigkeit. Denn man bedenke, daß Stahlstich-Schnellpressen mit einer Druckkraft von 6 bis 60 Tonnen arbeiten.

Die Matrize muß diesem starken Druck gewachsen sein und auf die Dauer standhalten, ohne sich breitzudrücken.

Ein durchwebtes Gummituch bildet den Abschluß über der Matrize.

Nachdem die richtige Anlage für die betreffende Arbeit gemacht wurde, kann mit dem Andrucken begonnen werden. Die Einfärbung wird vorher eingestellt. Durch Verschieben von Gleitschienen läßt die Auftragwalze sich so einstellen, daß die Farbe eben vor der vorderen Stempelkante aufhört und eben vor der hinteren Kante beginnt. Während des Andruckens auf Makulaturpapier wird der Wischer soweit gespannt, bis der Abdruck sauber ohne Wischfahnen und Ton erscheint.

Bei allen Einstellungen an den Stahlstichpressen lasse man den Grundsatz gelten, daß vor Beginn jeder Arbeit alle Einstellungen zunächst weitgehendst zurückgestellt werden. Das gilt sowohl für den Druck, als auch Wischerdruck, Farbmenge und Wischpapiertransport.

Während des Andruckens werden alle diese Einstellungen der betreffenden Arbeit entsprechend einreguliert. Ein starker Druck bei Beginn der Arbeit kann die Matrize breitschlagen, und so die sorgfältige Schneidearbeit verderben. Ein zu starker Wischerdruck bringt das Wischpapier zum Reißen und setzt den Wischfilz der Gefahr aus, beschädigt zu werden.

Das Wischpapier muß unbedingt frei von Knoten und Verunreinigung sein, da solche Schrammen auf die polierte Stahlplatte reißen. Im allgemeinen wird ein reines Zellulosepapier in der Stärke von 40 bis 50 Gramm per Quadratmeter verwendet. Über die

Farbe des Stahlstichdrucks läßt sich viel sagen. Doch alles ist nicht für jedes gut. Die Farbe und ihre Zusammensetzung muß also der jeweiligen Arbeit entsprechend angepaßt werden. Bei breiteren, kräftigen Gravuren wird man besser fahren, wenn man die Farbe etwas strenger hält, also weniger Lackzusatz und Lösungsmittel gibt. Auch ganz feine Bildgravuren mit Rasterhalbtönen lieben eine farbkörperreiche Farbe. Die Farbenfabriken liefern fertig angeriebene Stahlstichdruckfarben in guter Qualität und jedem gewünschten Farbton, sowie die dazugehörigen Lacke und Lösungsmittel. Es ist ratsam, alle drei Teile von der gleichen Farbenfabrik zu beziehen. Beim Mischen der Farbe mit Lack lasse man sich von dem Grundsatz leiten: je mehr Lackzusatz in die Farbe kommt, um so geringer wird der Farbkörperanteil der Farbe, andererseits ist ein genügender Zusatz von Lack nötig, um der dick aufliegenden Farbe die nötige Trockenkraft und den gewünschten Glanz zu geben. Schnelltrockenlacke verwende man im allgemeinen nur zusätzlich, da diese nicht immer kratz- und bruchfest sind.

Stellt sich beim Andrucken heraus, daß auf dem Abdruck immer an der gleichen Stelle die Farbe ausspritzt, so ist dies ein Zeichen dafür, daß an dieser Stelle der Matrize entweder zu dicht an das Schriftbild herangeschnitten, oder gar ein Teil ganz fortgeschnitten wurde. In den meisten Fällen wird ein Flicken an der Matrize wenig dauerhaften Erfolg zeitigen, weshalb sich im allgemeinen empfiehlt, gleich eine neue Matrize zuzuschneiden.

Spritzt die Farbe im gesamten Druckbild aus, so kann dies verschiedene Ursachen haben. Einmal besteht die Möglichkeit, daß die Farbe zu suppig angerührt wurde, oder die Farbgebung zu reichlich ist, anderseits besteht die Möglichkeit, daß noch alte angetrocknete Farbe an der Gravur ist. Solche hart angetrockneten Teile an der Gravur entfernt man am besten mit einer festen Bürste mit Nitroverdünnung. Auch alte, schon oft gelaufene Gravuren, die durch den häufigen Wischvorgang ausgeschliffen sind, können diese üblen Erscheinungen des Spritzens hervorrufen. Ein sorgfältiges Abschleifen und Nachpolieren der Druckplatte mit feinen Schleif- und Poliermitteln kann hier abhelfen, zumindest aber mildern. In einigen Fällen wird ein Abschleifen oder Nachstechen der Gravur nötig sein. Auch stark genarbte und langfaserige Papierarten lassen die Farbe oft ausspritzen. Darum gilt besonders für den Stahlstichdruck, weitgehendst ungeeignete Papiersorten auszuschalten.

Die fertigen Drucke werden auf Trockenhürden ausgelegt. Von diesen Trockenhürden muß eine Stahlstichprägerei eine ganze Anzahl haben. Es empfiehlt sich eine möglichst leichte Konstruktion aus 1 cm starken Vierkant- und Flachleisten und einer mittelschweren Strohpappe. Die Leisten müssen aus trockenem Holz gefertigt sein, weil sonst die Trockenhorden durch Verziehen unförmig und damit unbrauchbar werden. Als Größe wird man die normale Pappengröße wählen. Gleichbleibende Größe ist wegen der Stapelung unbedingt wichtig. Über die Dauer der Trocknung der fertigen Drucke läßt sich keine Norm aufstellen. Je nach Stärke und Tiefe der Gravur und nach Art der Farbe wird auch die Trockendauer kürzer oder länger sein. Man lasse sich auch nicht durch eine Oberflächentrocknung verleiten, vorzeitig die Drucke von den Hürden zu nehmen, denn unter einer dünnen, schon verharzten Schicht kann die Farbe noch feucht sein. Eine starke Druck- und Nagelprobe nach etwa 12 Stunden Trockenzeit ist immer ratsam. Auch für Blindprägungen sind die modernen Stahlstich-Schnellpressen denkbar gut geeignet, insbesondere durch ihre hohe parallele Druckleistung. Bei Blindprägungen lassen sich alle Bewegungen der Maschine, die nicht benötigt werden, ausschalten, so daß nur noch das eigentliche Druckaggregat läuft. Matrizenaufbau und Schneiden sind wie bei einer Farbprägung, nur mit dem Unterschied, daß bei einer Blindprägung die Matrize bis hart an das Druckbild ausgeschnitten wird, und daß besonders hohe Reliefstufen mit sehr starkem Papier mehrfach unterlegt werden.

In der Glückwunschkarten-Industrie, wo der Stahlstichdruck am häufigsten verbreitet und gepflegt wird, kommen noch einige besondere Arbeitsweisen hinzu. Hier ist das Arbeiten mit Bronzefarben dominierend. Diese bedingt große Erfahrungen und Kenntnisse. In den meisten Fällen werden Bronzefarben in den Glückwunschkartenfabriken selbst angesetzt. Diese sind im Gegensatz zu den anderen Stahlstichfarben wasserlöslich und bestehen aus einer Mischung von Bronze und Leim. Verwendet werden fertige Leime von guter Klebkraft oder Dextrine, die selbst angesetzt werden. Wasserzusatz nur soviel wie nötig ist, um eine gewisse Geschmeidigkeit zu erreichen, so daß die Farbe auch im Farbwerk mitläuft. Das Mischverhältnis zwischen Leim und Bronze liegt bei gutem Leim mit hoher Klebkraft bei 25 bis 30 %. Dieses gilt jedoch nicht für Silberbronzen, die aus Leichtmetall hergestellt werden. Hiervon darf nur wenig Bronze genommen werden. Mehr noch als beim Verdrucken aller anderen Farben, ist das Drucken mit Bronzefarben eine Erfahrungssache und selbst alte, routinierte Fachleute haben ihre Sorgen auf diesem Gebiet. Der Abdruck soll ein schönes, blankes Gold zeigen. Dieses soll aber auch noch unbedingt fest auf dem Papier haften. Die Körnung der Bronze bringt es mit sich, daß alle Drucke mit Bronzefarben nach Trocknung eine gewisse Rauheit der Prägung zeigen. Um also bei allen besseren Bronzeprägungen eine blanke Glätte zu erzielen, werden alle Drucke noch einmal im Blindprägedruck mit gleichem Stempel und gleicher Anlage nachgeschlagen. Nach Säuberung des Stempels wird dieser mit einer dünnen Kupferfolie überzogen. Entweder man muß die Druckmatrize für den Nachschlag jetzt noch einmal ganz genau bis an das Druckbild heran nachschneiden, oder, was besser ist, man stellt während der Druckzeit eine vorher vorbereitete Nachschlagmatrize her.

Das Nachschlagen von Bronzefarbendrucken erfordert eine unbedingt haargenaue Paßanlage, gut gelagertes Papier, welches den klimatischen Bedingungen des Raumes, in dem es verarbeitet wird, entspricht. Wegen der Oxydation der Bronze läßt sich die Farbe nicht in größerer Menge anrühren. Sie würde bis zum Verbrauch ihren Glanz verlieren. Man wird also nur immer eine geringe Menge Farbe fertigmachen können.
Sauberes, genaues Arbeiten, Gefühl für eine gute Drucksache, ein gut angelerntes Hilfspersonal und umfassende Druck- und Maschinenkenntnisse sind die Voraussetzungen, um gute Stahlstichprägungen zu erzielen und wirtschaftlich herzustellen.

Über Stahlstichfarben und ihre Verarbeitung

Von Johannes Kirstein, Hamburg-Bergstedt

Auch im Stahlstichdruck kann die Farbe Grund und Anlaß zu vielen Druckschwierigkeiten sein. Jeder Drucker muß sich also schon etwas mit Farbentheorie befassen und Erfahrungen sammeln. Gerade dies ist besonders wichtig, da nicht jeder Stahlstichstempel mit der gleichen Farbenart gut zu drucken ist. Die Farbenfabriken liefern die Stahlstichfarben und den dazu gehörigen Lack getrennt. Der Drucker muß also entsprechend der jeweiligen Arbeit die richtige Menge Lack hinzufügen. Allgemein liegt das Mischungsverhältnis bei ⅔ Farbe und ⅓ Lack. Dies ist jedoch nur eine ganz allgemeine Faustregel. Grundsätzlich versuche man, die Farben nicht zu suppig anzurühren, denn je mehr Lackzusatz man nimmt, desto geringer ist der Anteil der eigentlichen Farbkörpermenge in der Substanz. So kann bei groben Gravuren durchaus der Fall eintreten, daß man die Druckplatte nicht sauber gewischt bekommt, obwohl die Farbe schön schlank ist und man einen Terpentinzusatz gegeben hat, und obwohl auch der Wischer schon kräftigen Druck hat.
Eine kräftige Farbe mit geringem Lackzusatz ermöglicht knappe Farbgebung, und trotzdem wird der Grund der breiten Gravur deckend eingefärbt. Es ist nicht so viel Farbe in der Gravur, daß sie sich am Gravurende zusammenschiebt und durch den Wischer herausgewischt wird. Jeder Stahlstichdrucker hat es schon erlebt, daß eine Druckplatte bis auf ein Geringes am Wischende der Platte sauber ist. Dieses „Geringe“ ist aber einfach mit dem Wischen nicht fortzubekommen, da aus dem Gravurende überschüssige Farbe herausgezogen wird und der Wischweg jetzt nur noch sehr kurz ist, um diesen feinen Hauch Farbe noch von der Druckplatte herunterzuwischen.
Das Arbeiten mit geringer Farbmenge auf der Walze setzt aber eine gute Auftragwalze aus weichem, geschmeidigem Gummi voraus, damit die Farbe auch bei geringer Farbgebung den Grund der Gravur bedeckt; auch der richtige Umfang der Auftragwalze ist wichtig. Leider schenken die Stahlstichdruckereien der

Auftragswalze und ihrer Pflege nicht selten zu wenig Beachtung. Da die Farbe beim ständigen Lauf im Farbwerk Farblösemittel verdunstet, wird sie bei geringem Verbrauch zu dick. Die Farbe „rauscht" auf den Walzen. Ihr Geschmeidighalten geschieht durch Zusatz einiger Spritzer Terpentinersatz, oder noch besser eines Farblösemittels, wie es von der Farbenfabrik für Stahlstichfarben als Verdünnungsmittel herausgegeben wird. Manche etwas grob ausgeführten Stahlstichgravuren neigen dazu, besonders bei Schwarz, einen recht groben und zu harten Druck zu zeigen. Durch ein „Brechen" der Farbe mit etwas Weiß erscheint das Druckbild weicher, ohne doch dem Laien schon als Grau zu erscheinen. Die grobe Gravur zeigt jetzt auch eine Prägung, die besser steht. Überhaupt sind mit Weiß gebrochene Farben im Stahlstichdruck ideal in Wirkung und Verarbeitung. Auch andere Farben, besonders solche mit zu wenig Deckkraft, werden durch das Weiß deckkräftiger, da es reichlich Farbträger enthält und der Farbe damit mehr freie Substanzen zuführt. Feine Bildmotive in allerfeinster Stichmanier, mit roullettierten Rastern oder kalt gerissenen Linien lieben eine strenge Farbe mit reicher Farbkörpermenge ganz besonders. Wer einmal den Versuch gemacht hat, von der gleichen Druckplatte je einen Abdruck mit Kupferdruckfarbe (die man von Hand wischen muß) und einem Abdruck mit einer normal mit Lack verschnittenen Stahlstichfarbe zu machen, wird über den Unterschied erstaunt sein. Während die Kupferdruckfarbe auch die feinsten Linien und Punkte herausholt, bleiben diese bei einer normal gewischten Stahlstichfarbe zum Teil ganz weg oder erscheinen nur noch schwach und unklar. Man gebe also bei diesen Gravuren nur eine geringe Lackmenge, möglichst einen schnelltrocknenden Lack zu, einen Zusatz von Lösemitteln aber nur, soweit es nötig ist, um die Platte sauber gewischt zu bekommen.

Ein Zusatz von 10% strenger Buchdruckfarbe reichert die Stahlstichfarbe mit Farbkörpern an. Man kann ihn ohne Schaden verwenden; nur bedingt dies ein etwas längeres Trocknen. Bei Schwarz empfiehlt es sich, möglichst beste Illustrationsdruckfarbe zu verwenden; die Drucke werden durch diesen Zusatz etwas toniger, und die Feinheiten kommen besser heraus.

Genarbte Kartons und Papiere sowie einige Arten *Hartpostpapiere* haben manchem Stahlstichdrucker das Leben schon schwer gemacht: die Farbe spritzt aus. Auch hier ist strenge Farbe und geringste Farbgebung am Platze. Ferner kann ein Abschleifen des zu starken Reliefs auf der Matrize dieses Übel eindämmen helfen. Besonders ein Zusammentreffen dieser Papierarten mit einer Druckplatte, deren Gravur durch mehrere hohe Auflagen ausgeschliffen ist, kann dann das Maß der Schwierigkeiten voll machen. Gründliches Abschleifen und Polieren des Stempels ist hier unbedingt nötig. Grundsätzlich verarbeite man tunlichst nur solche Papiere und Kartons im Stahlstichdruck, von denen man weiß, daß sich hierauf wirklich einwandfreie, saubere Stahlstichdrucke erzeugen lassen. Gerade die Auftragsbearbeiter und Vertreter von Stahlstichdruckereien sollten hier ihr besonderes Augenmerk darauf richten, dem Kunden nur besonders geeignete Papiere zu empfehlen. Wo man diese Regel weitgehend befolgt, erspart man sich viel Ärger während des Drucks und hernach mit der Kundschaft.

In der Papierausstattung ist es manchmal unumgänglich, stark genarbte Bezugspapiere im Stahlstich zu bedrucken. Ist bei diesen die Narbung so stark und grob, daß alle vorher erwähnten Maßnahmen zu keinem Erfolg führen, so gibt es nur einen Ausweg, das Papier einigermaßen sauber zu verdrucken: Nachdem Matrize und Anlage fertig sind, nimmt man den Stempel heraus und schließt in einem zweiten Schließrahmen eine blanke Stahlplatte ein. Jetzt druckt man im Blinddruck mit der Druckmatrize (ohne Gummituch) bei genauer Anlage vor. Das heißt: die nachher zu bedruckenden Partien des stark genarbten Papieres werden glatt geschlagen. Sie leisten hernach beim eigentlichen Druckgang Gewähr dafür, daß die Farbe nicht mehr auslaufen kann.

Arbeitet man an Stahlstichpressen mit Farbrakel, so achte man darauf, daß man die Druckplatte nicht zu stark rakelt. Sonst verbleibt nicht genügend Farbfeuchtigkeit auf der Platte, um sie noch ganz sauber zu wischen. Dort wo man mit strengen Stahlstichfarben druckt, dürfte das Vorrakeln der Druckplatte auf Schwierigkeiten stoßen. Die Rakeleinrichtung setzt ein gutes Abfließen der abgerakelten Farbe vom Rakel voraus. Sonst bleibt die Farbe am Rakel kleben und streift die Druckplatte wieder und wieder mit leicht angetrockneten Farbresten. Dies führt dann zu unsauber gewischten Abdrucken. Druckplatten mit quer zur Wischrichtung verlaufenden geraden Linien eignen sich auch nicht zum Vorrakeln. Hier bleibt das Rakel in den Linien hängen, bricht aus oder stumpft ab. Das gleiche gilt von Arbeiten, bei denen der Stahlstempel quer zur Wischrichtung eingeschlossen werden muß, so daß grobe Schriftzeilen quer zum Wischer stehen. Bei solchen Arbeiten soll man besser auf die farbsparende Wirkung des Farbrakels verzichten. Querlaufende Stahlstempel sind ohnehin oft ein Problem, sobald recht kräftige Schrift angewendet wurde, da der Wischer dazu neigt, etwas Farbe aus der Gravur herauszuziehen. Dadurch, daß sich dieser Vorgang in rascher Folge hintereinander wiederholt, zieht am Wischende der Gravur bei solchen Partien eine breite Fahne herausgewischter Farbe. Die Spanne des Wischweges ist nun aber zu kurz, um die Platte noch sauber zu wischen. Hier sind leichtes Wischen mit geringerem Wischerdruck, strengere Farbe und geringe Farbgebung am Platze.

Sollen bestimmte Stahlstichdrucke keinen Lackglanz zeigen, so verwende man die von den Farbenfabriken lieferbaren Stahlstich-Mattfarben und ihre dazugehörigen Lösungsmittel. Auch Metallfolien sollen tunlichst nur mit den hierfür besonders hergestellten Spezialfarben beprägt werden.

Über das Trocknen der fertigen Drucke sei folgendes erwähnt: Die Dauer der Trocknung läßt sich nicht einfach schematisch auf eine bestimmte Zeit festlegen. Vielmehr wird man danach gehen müssen, wie breit und grob eine Gravur ist, auf welchem Material (Papier, Karton, hart oder weich) sie geprägt wurde. Diese Gegebenheiten, sowie natürlich auch die Witterung, sind maßgebend für die Dauer der Trocknung. Hierbei kann der Zusatz schnelltrocknenden Lacks die Zeit abkürzen. Bei ausschließlicher Verwendung schnelltrocknenden Lacks läuft man aber Gefahr, daß die Elastizität der aufgetrochneten Farbe leidet, daß sie also nicht mehr knick- und kratzfest ist. Bei Prüfung der Trockenheit der Drucke mache man eine Nagelprobe auf der kräftigsten Partie des Drucks, weil es sein kann, daß nur eine obere Schicht gut verharzt ist, und sich auf dem Grunde der Prägung noch feuchte Farbe befindet. Diese feuchte Farbe findet ihren Weg an die Oberfläche, wenn die Drucke in großen Stapeln zusammengenommen stehen. Unter dem Namen „Typo-Dryer" ist jetzt ein *Trockengerät für Stahlstich-Schnellpressen* herausgebracht worden. Auf einem Laufband gleitet der Bogen im Rhythmus der Schnellpresse durch das Gerät. Durch Verdunsten von Wasser verhindert man ein zu großes Austrocknen des Papiers; ein Kaltluftstrom vor Verlassen des Druckbogens aus dem Trockengerät soll dafür Sorge tragen, daß sich das Papier nicht verzieht. Ein solches Trockengerät bedingt die Verwendung schnelltrocknender Spezialfarben, wie sie jetzt eigens von einigen Farbenfabriken entwickelt und herausgebracht worden sind.

Aber auch die Anwendung eines solchen Trockengerätes macht nicht jeden Stahlstichdruck unbedingt so trocken, daß man ihn in großen Stapeln übereinander packen oder gar sofort versandfertig machen könnte. Vielmehr empfiehlt es sich, auch bei Anwendung des Trockengerätes die aus dem Gerät fallenden Drucke zwar nicht einzeln, aber doch in kleinen Paketen zwecks Nachtrocknen auf die Trockenhorde zu legen. Auch eine Aufhängevorrichtung kann dies Nachtrocknen auf Trockenhorde ersetzen.

Da im Stahlstichdruck zumeist bedeutend mehr und zähere Farbe auf den Walzen läuft als in anderen Druckverfahren, so ergeben sich dadurch leicht Verschmutzungen der Maschine. Einmal richtig angetrocknet, sind die Stahlstichfarben schwer zu entfernen. Darum sollte jeder Drucker auf peinlichstes Sauberhalten der Maschine im allgemeinen und des Farbwerkes im besonderen achten. Es empfiehlt sich, das Farbwerk bei jeder Reinigung ganz auseinanderzunehmen, da es sonst geschehen kann, daß man es wegen angetrockneter Farbreste später nur unter Schwierigkeiten auseinander bekommt. Alle Lager und Öllöcher sind gründlichst von Farbresten zu säubern und beim Zusammensetzen mit festem Fett einzufetten. Auch alle Gewinde sind nach der Reinigung gut zu fetten, da sie sonst nach Antrocknen von Farbe nicht mehr gängig sind.

Vorabdruck in Nr. 16/1955 der Allgemeinen Papier-Rundschau, Frankfurt a. M.

Die Behandlung der zum Prägen bestimmten Druckerzeugnisse

In den nachstehenden Ausführungen gebe ich einige wissenswerte Hinweise aus den technischen Vorgängen des Druckens und Prägens, die zu wissen notwendig sind, um die Wechselbeziehungen aufzuzeigen bei der Veränderung der vorgedruckten Nutzen beim Prägevorgang.

Drucken und Prägen

Einwandfreie Prägungen sind bereits eine halbe Garantie für den Absatz der Ware, da selbst der Laie die Schäden dieser Technik zu erkennen vermag. Eine Kardinalfrage für den Drucker ist es, einen prägefähigen Karton für seine Arbeit zu erhalten, wenn für die einwandfreie weitere Bearbeitung eine gewisse Voraussetzung gegeben sein soll.

Der Prägekarton

Prägekarton soll aus gutem Faserstoff, nicht hart und brüchig, sondern weich und zähe sein, so daß Hochprägungen keine zerrissenen Oberflächen zeigen. Für ganz besondere Ansprüche gibt es besondere Prägekartons. Durch Feuchten wird das Material besonders nachgiebig.

Die Papierkenntnis ist für die Ausübung des Prägens ein sehr wesentlicher Faktor; bei einiger Erfahrung lassen sich die Eigenschaften gewisser Papiersorten leicht erkennen. Wenn es schon Bedingung ist, zu wissen, worauf die einzelnen Artikel der eigenen Verlagsrichtung gedruckt werden, ob auf zwei-, drei- oder mehrfach geklebten Karton, so ist es gleichfalls notwendig, in Erfahrung zu bringen, ob das verwendete Material für die weitere Bearbeitung durch die Prägung geeignet erscheint. Wir erkennen dies am besten bei den Postkarten. Man wird gewöhnlich für glatte Postkarten einen Karton wählen, der in sich schon genügende Festigkeit hat, jedenfalls stabiler ist als für solche Karten, die nach der Druckausführung noch geprägt werden. Bei kaum einer der vielseitigen Möglichkeiten der Papierbearbeitung werden die in der Luxuspapierfabrikation hergestellten Erzeugnisse so beeinflußt wie während des Prägevorgangs. Die durch den ungewöhnlich hohen Prägedruck bedingte Zusammenpressung der Stoffseite des Papiers läßt eine scheinbare Minderung unter Griff erkennen, während das betreffende Erzeugnis selbst an Festigkeit gewinnt. Im entgegengesetzten Falle müssen wir feststellen, daß durch das Entfernen einzelner Teile aus der Papierfläche dieses an Festigkeit verliert. Für größere Flächen, zum Beispiel für Plakate, muß deshalb ein entsprechend starker Karton genommen werden, um dem Erzeugnis nach der Bearbeitung in sich eine gewisse Festigkeit zu verleihen. Je nach der Gravur des Stempels wird man daher auch das Material wählen müssen, da nicht jede Stoffzusammensetzung für die Bearbeitung in jeder beliebigen Art geeignet ist. Für Prägungen von besonders tief gravierten Platten müssen stets entsprechende Kartons genommen werden, weil schwache, weniger widerstandsfähige Sorten leicht platzen.

Es ist zweckmäßig, die Eigenschaften, etwa die minderwertige Qualität des Papiers, vor der Verarbeitung zu kennen. Es sei hier noch auf eine Besonderheit hingewiesen, die oft auftritt, nämlich das Abbrechen gewisser Teile bei der Herstellung von Wandkalendertaschen, Kniffkalendern usw. Dabei werden einzelne Teile von der Prägeplatte geritzt, um später umbrochen zu werden. Bei Anordnung solcher Artikel auf dem Auflagebogen, der nicht besonders fest und prägefähig ist, soll man um so vorsichtiger sein. Am besten ist die Anordnung, bei der die Längsrichtung der Artikel mit derjenigen der Papierfaser parallel geht, wodurch eine größere Haltbarkeit gewährleistet wird. In dieser Richtung besitzen die Papiere bekanntlich die größte Widerstandsfähigkeit. Jeder Papierlieferant wird seinem Abnehmer gern an die Hand gehen, die Laufrichtung des Papiers zu ermitteln.

Das Verziehen des Papiers

Eine der hauptsächlichsten Schwierigkeiten entsteht dann, wenn sich beim Prägen das Papier verzieht. Wer doppelte Arbeit und deren Kosten ersparen will, der lasse die Konturen stets auf dem gleichen Karton umdrucken und anprägen, auf dem nachher die gewünschten Erzeugnisse geprägt werden sollen. Die geprägte Papieroberfläche wird den Grad der Verwendbarkeit des Papierstoffes erkennen lassen. Wenn der Karton bei der Anprägung abblättert, so wird entweder die Prägung abgeschwächt werden, oder man wird einen für diesen Zweck geeigneten Druckkarton verwenden müssen. Nur durch wiederholtes Prüfen nach allen Richtungen hin, in denen unter Umständen selbst äußerlich schwer wahrnehmbare Fehler möglich wären, wird man sich vor Beanstandungen und unliebsamen Erfahrungen rechtzeitig bewahren können. Bei der Beurteilung der glatten Prägung dehne und biege man das Prägeblatt nach verschiedenen Richtungen und beobachte die Rückseite. Bemerkt man Schneidstellen an den Kanten der Reliefprägungen (durchgeprägte Stellen), so muß die Matrize sofort entsprechend abgeschwächt werden.

Um zu vermeiden, daß sich fertige Prägungen, besonders bei dünnem Papier, verziehen (werfen), muß man die Blätter vorher mit dünnem Papier oder entsprechendem Karton hinterkleben. Es wird dadurch ein Gegenzug hergestellt, der bewirkt, daß sich die zusammengeklebten Lagen strecken und ihre flach aufliegende Form behalten. Dadurch wird dem Verziehen vorgebeugt, und die Prägung läßt sich besser herausholen.

Pappenabfälle zum Kaschieren von Prägeerzeugnissen

In Fällen, wo vorhandene Pappstücke (Abfälle) zum Kaschieren von Prägeerzeugnissen verwendet werden, muß darauf Rücksicht genommen werden, daß sie an den Seiten nicht zu weit überstehen, sondern in der Größe möglichst dem Stempelblock entsprechen. Andernfalls müssen sie vor dem Prägevorgang beschnitten werden, um in die Einfahrt der Maschine hineinzupassen.

Auf jeden Fall muß um die Prägefläche herum genügend „Fleisch" als Anlageraum bleiben, weil das Prägen sonst unmöglich wird, oder das Arbeiten wird unter diesen Verhältnissen sehr erschwert.

Jede Arbeit vor der Druckausführung prüfen!

Papierkenntnis ist notwendig, um einwandfreie Prägungen zu erhalten. Wenn die Gravur oder die Matrize stellenweise so scharf ist, daß beim Druck auf die Platte der Karton platzt, so ergibt sich die Notwendigkeit, jede Arbeit vor der Druckausführung zu prüfen und den Schaden abzustellen. Dabei zeigt sich auch, ob der Graveur die nötige Ausdruckskraft in die Gravur gelegt, ob Nacharbeiten durch Verstärken oder Abschwächen einzelner Partien notwendig erscheint.

Stechen der Punkturen

Ein wesentlicher Faktor für das Gelingen der Prägung ist das Stechen der Punkturen. Jede Prägeanstalt sollte die Arbeiterinnen anlernen, daß sie das Stechen nur immer nach dem berühmten Schema ausüben, damit eine Garantie für gutes Passen der Prägung gegeben ist. Gestochen wird wohl meist von dem Arbeitspersonal, das die Prägung herstellt. Wenn dafür Leute angestellt werden, bedeutet das für das Prägepersonal eine Erleichterung. Vorzüge werden sich jedoch nur dann zeigen, wenn die Stecherinnen geübt sind. Die Druckarbeiten müssen in einem guten Zustande und einem nachträglichen Verändern nicht unterworfen sein. Passen die Prägungen nachher nicht, das heißt, liegt neben der Prägung noch Farbe, so muß beim Stechen der Durchstich ein wenig weiter nach links oder nach rechts gelegt werden, je nachdem es die Abweichung der neben der Prägung liegenden Druckfarbe verlangt. Bei gleichen Platten für Schneiden und Prägen ist natürlich für beide Verrichtungen dieselbe Punktur zu benutzen. Das ist notwendig, um Abweichungen zu vermeiden und eine genaue, in allen Teilen passende Präge- und Schnittfläche zu erhalten. Dann braucht man nicht zu befürchten, daß beim Schneiden Teile der Prägung angeschnitten werden oder daß sich ein weißer Rand um die Zeichnung herum zeigt. Unerläßlich ist die Bedingung, schon bei der Herstellung der Druckware darauf zu achten, daß Prägepunkte auch mitgedruckt und nicht etwa beim Fertigmachen der Steine als

Schmutzflecke angesehen und weggeputzt werden. Der Fachmann wird die Prägepunkte auf den einzelnen Erzeugnissen nicht als Störenfriede betrachten, wohl aber der Laie, sobald sie in vollen Flächen liegen und womöglich noch in Farbe ausgespart sind. Ein einfacher Punkt, vielleicht noch in einem leicht angedeuteten Kreis stehend, wird seinen Zweck vollauf erfüllen. Bei Prägungen, bei denen Nadelpunkte nicht mitgedruckt sind, sondern erst gestochen werden müssen, empfiehlt es sich, Blindprägungen auf Transparentpapier zu machen, da man durch Auflegen solcher Prägungen dann leicht erkennen kann, ob sie passen. Dadurch wird keine Ware unnütz verderben.

Wenn es vergessen wurde, auf der Platte Zeichen für die Nadeln anzugeben, dann müssen sie auf eine andere Weise ersetzt werden. Man wird je zwei entgegengesetzte Ecken wählen, oder man nimmt bei lithographischen Erzeugnissen irgendeinen Farbenpunkt und bohrt auf der Platte an den gleichen Stellen Punkturen, in die dann die Nadeln gesteckt werden. Das betreffende Anlegezeichen muß durch einen Pausabdruck auf die Platte übertragen werden, damit man auf ihr die gleiche Stelle trifft.

Wird jedoch in der Fläche irgendein anderer Text, der ebenfalls geprägt werden soll, vor dem Druck eingenadelt, ohne daß eine neue Platte hergestellt wird, so soll man sich von dem neuen Text einen Umdruck auf Pauspapier verschaffen. Wenn man die Prägung auf die Platte auflegt, so ist leicht zu erkennen, ob sie paßt oder nicht.

Einwandfreie Druckausführung ist eine Vorbedingung für gute Prägungen

Man kann gute Prägungen nur erzielen, wenn bei Artikeln, die beispielsweise auf lithographischem Wege hergestellt sind, auch die Druckausführung einwandfrei ist, die einzelnen Farben sich decken und nicht nebeneinanderliegen. Solche Sünden kann die Prägung nicht ganz verdecken, wenn auch manche Fehler — wenigstens für das ungeübte Auge des Nichtfachmanns — ungesehen gemacht werden können. In erster Linie zeigen sich Schwierigkeiten bei der Verarbeitung frischer Drucke. Wenn die Farben noch zu frisch sind und ihnen womöglich wenig Trockenmittel zugesetzt wurden, so setzen sie sich in der Gravur der Platte ab. Reibt man die Drucke vorher mit Talkum ab, so wird die Weiterarbeit nicht durch solche Begleiterscheinungen aufgehalten. In der Prägeplatte abgelagerte Druckfarbe entfernt man mit Terpentin. Über die Behandlung der fertigen Prägeware, so wie sie von der Maschine kommt, lassen sich keine bestimmten Anweisungen geben. Im allgemeinen ist es empfehlenswert, große Warenposten unmittelbar hintereinander aufzuarbeiten, weil dadurch Differenzen beim Passen vermieden werden. Wird mit Bronze (meist Gold) gedruckt, so kann man nicht von vornherein garantieren, ob die Prägung paßt.

Es ist technisch schwierig, eine mit Gold vorgedruckte Zeichnung mit der nachträglichen Prägung haarscharf zu treffen. Es ist sogar manchmal empfehlenswert, die Goldzeichnung ungeprägt zu lassen. Das sieht jedenfalls besser aus, als wenn sie danebenliegt. Bei Schriften und feinen Linien wirkt das besonders unvorteilhaft.

Der Stand der Arbeiten in den heutigen modernen Verarbeitungsbetrieben ist als hoch zu bezeichnen, und was früher einmal fast unüberbrückbar schien, ist durch jahrelange Erfahrungen derzeitig leicht zu überbrücken, um zu einem einwandfreien Arbeitsverlauf zu gelangen.

Hierzu gehört, wie gesagt, vor allem das Thema der Bronze-Prägungen. Im allgemeinen ist man der Auffassung, daß mit Bronze vorgedruckte Drucke in der Prägung nicht oder nur schwer passen.

Es ist wohl schwierig, aber die heutigen Verarbeitungsbetriebe lösen auch dieses Problem zur Zufriedenheit ihrer Auftraggeber.

Ein Fehler wird bei diesem Verfahren oft gemacht, nämlich der, daß Druck- und Prägeplatten *zugleich* in Auftrag gegeben werden.

Richtig dürfte es sein, wenn von der Druckplatte zunächst bronzierte Probedrucke auf Originalpapier gemacht werden und nach diesem Druck die Prägeplatte zum Hochziehen der Prägung angefertigt wird.

Gute Klimabedingungen des Papierlagers und des Druckraumes sowie eine haargenaue Anlage sowohl im Druck als auch in der Prägung sind eine Vorbedingung für solche schwierigen Arbeiten.

Zusammengehörende Prägungen zusammenlassen!

Bei der Zusammenstellung der Druckauflagen muß man zusammengehörende Prägungen auch zusammenlassen, um nicht unnötig viele Extraprägungen machen zu müssen. Wo es notwendig erscheint, Prägeblätter auseinanderzuschneiden, sollen immer zwei auf der Platte beisammenstehende Stücke beisammenbleiben, damit nicht jedes einzeln geprägt werden muß. Wenn jedoch in solchen Fällen ein gutes Passen nicht zu erreichen ist, so müssen die Prägeblätter zerkleinert werden.

Zerteilung auf der Kreiskartenschere

Für den Ausfall der Prägung ist es wichtig, wie die Auflage auf der Kreiskartenschere zerteilt wird, sofern von einem Artikel mehrere Stücke gleicher Art auf einem Bogen stehen. In solchen Fällen sollen bei den einzelnen Abschnitten entsprechende Zeichen oder Nummern gedruckt werden. Wenn dann die Prägeblätter nach dem Schneiden zusammengeworfen werden, können die Stücke, die auf gleichen Bogenteilen gestanden haben, ausgesucht werden, um die zusammengehörenden Prägeblätter entsprechend verarbeiten zu können.

Ausgleich des Papiers durch Feuchten und Wärmen

Um auf das Zerkleinern der Bogen zurückzukommen: Bei Plattenschnitten kann mehr Fleisch stehenbleiben als bei Karten mit glatten Rändern, weil überflüssiges Fleisch ohnehin von der Platte weggeschnitten wird. Durch den Farbenauftrag sowie das Lagern in feuchten Räumen nimmt das Papier mehr Feuchtigkeit in sich auf, wodurch es sich ausdehnt. Wenn die geprägte Ware in zu trockenen Räumen lagert, geht sie zusammen. In beiden Fällen jedoch paßt die Zeichnung nicht. Da muß es der Prägemeister verstehen, durch Feuchten und Wärmen der Ware denjenigen Ausgleich zu finden, der eine einwandfreie Prägung ermöglicht. Wenn Wärmen, Feuchten und alle sonstigen Mittel nichts helfen, so wird ein zweimaliges Prägen der einzelnen Nutzen notwendig sein.

Passerschwierigkeiten

Bei chromolithographischen Drucken kommt es häufig vor, daß ein Teil paßt, ein anderer nicht. Bei Verwendung weniger dankbarer Muster werden häufig Teile von vorhandenen und von neugefertigten Platten geprägt. Die Ausschlachtungstheorie erstreckt sich nicht nur auf die Wiederverwendung vorhandener Lithos, sondern auch auf die Nutzbarmachung des beschafften und vorhandenen Materials. Es hat sich in der Praxis bewährt, Schriften gleich in der Platte mitzugravieren. Wenn Texte und Schriften auf der Kontur erscheinen und beim Druck der Auflage gleich in der Farbe auf der Schnellpresse mitlaufen, Text und Bild also zugleich gefertigt werden, muß die Textprägung ebenso wie der übrige Teil gut passen.

Nachträglich eingedruckte Texte werden nur selten passen. Wo Schriften nachträglich eingedruckt werden, sollen sie gleich von Anfang an von einer besonders gefertigten Matrize geprägt werden. Die dafür anzuwendenden, verhältnismäßig geringen Mehrkosten werden durch das Gelingen der Arbeit wieder wettgemacht. Der Hintergrund gewisser Artikel (meist Postkarten) erscheint oft auf der Prägeplatte gekörnt. Auf einer solchen Fläche kommt beispielsweise eine Textprägung „nicht los", das heißt sie wird durch die Schwere der übrigen Prägung erdrückt. Da ist es angebracht — und das ist leicht ohne Beeinträchtigung der Gesamtwirkung zu ermöglichen — , das Korn in einer geringen Entfernung um den Text herum aus der Prägeplatte herauszunehmen.

Bei Karten kommt es vor, daß besonders feine ornamentale Ausschmückungen, die in Farbe gelegt sind, beim Prägen nicht passen. Dann versuche man, nur die Hauptsachen zum Passen zu bringen, und lasse Nebensächlichkeiten einfach dadurch ungeprägt, daß solche Störenfriede aus der Matrize herausgenommen werden.

Das „Zurückgehen“ der Prägungen

Wir können nicht selten die Beobachtungen machen, daß Prägungen zurückgehen, das heißt, bei längerem Liegen nicht mehr die frühere Reliefhöhe behalten. Der Grund des Übels liegt darin, daß die Prägung zu schwach ist. Das zweckmäßigste Mittel zur Erzielung stehenbleibender Prägeflächen ist das Prägen mit heißen Stempeln. Auf diese Weise ausgeführte Prägungen verlieren nicht ihren Charakter, selbst wenn von sehr tief gravierten Platten gearbeitet wird. Störend wirkt es, wenn ein Teil der Prägung gut steht, ein anderer dagegen merklich abfällt. In solchen Fällen müssen die schwachen Stellen durch Aufbesserung der Matrize herausgeholt werden, indem man sie so lange überklebt, bis man glaubt, die gewünschte Ausdrucksfähigkeit erreicht zu haben.

VI. Kapitel

Papierveredelung durch Oberflächenbehandlung

Papierveredelung durch Prägung

Von F. C. Grümer, Krefeld

Papiere, die in der verschiedensten Weise durch Prägung veredelt wurden, begegnen uns im täglichen Leben überall, und immer noch stellt ein ständig sich verfeinernder Geschmack neue Ansprüche an diese Form der Ausstattung. Es verlohnt sich daher, einmal einen Überblick über die Entwicklung und die verschiedenen Möglichkeiten dieser Ausstattung zu geben.

Allgemeines

Die Veredlung von Papieren durch Prägung ist seit langem bekannt, und die verschiedensten Methoden wurden zu diesem Zweck im Laufe der Zeit entwickelt. Die älteste und bekannteste dürfte vielleicht die Herstellung von Wasserzeichen auf der Papiermaschine mit Hilfe eines Egoutteurs und die Verwendung von Markierfilzen sein. Diese auch heute noch angewandten Verfahren sind vielleicht als Vorläufer der modernen Papierveredlung durch Prägung zu betrachten und seien daher kurz erwähnt. Auf diesen Methoden hat sich die weitere Entwicklung aufgebaut, und wir unterscheiden heute in der Hauptsache zwei Verfahren, auf die nachstehend näher eingegangen werden soll.

Das Plattenprägewerk

Ihm kommt bei der Ausstattung von Papieren eine ganz besondere Bedeutung zu. Auf keiner anderen Maschine lassen sich Prägungen von solcher Eleganz und Schönheit herstellen wie auf dem Plattenprägewerk. Die besondere Art der hierbei erzielbaren Effekte macht die Maschine in erster Linie für die Veredlung von Schreibpapieren verwendbar. Allerdings ist das Prägen auf dieser Maschine mit relativ hohen Kosten verbunden, so daß sich diese Art der Prägung nur für qualitativ hochwertige und teure Papiere lohnt. Auf die Technik der Plattenprägung sei im folgenden etwas näher eingegangen.

Tafel VIII/1 zeigt deutlich, daß die Maschine mit einem Beschickungstisch und einem zweiten Tisch am Auslauf der Maschine versehen ist. Der Aufnahmetisch ist mit einer gefederten Anschlagleiste versehen, auf deren Zweck noch eingegangen wird.

Geprägt wird grundsätzlich mit Platten, die entweder aus Zink, Zelluloid oder geeignetem Kunststoffmaterial hergestellt sind. In den meisten Fällen stellen die Papierfabriken, die derartige Verfahren verwenden, die Platten selbst her. Zum Prägen werden durch Metallplatten abgedeckte Pakete gebildet, bei denen zwischen den einzelnen Papierbogen jeweils eine gravierte Prägeplatte liegt. Bei gewissen Dessins kann man auch so verfahren, daß je nach Art des Papieres zwei oder drei Bogen zwischen zwei Prägeplatten liegen. Das so gebildete Paket wird nun vom Beschickungstisch durch die mit zwei Hartgußwalzen ausgestattete Maschine geschickt; die Walzen können, entsprechend der Stärke des Paketes, auf einen genauen Walzenspalt eingestellt werden. Die Prägung kann nun in einem oder auch in zwei Durchgängen erfolgen. Dem letzteren Zweck dient die am Aufnahmetisch angebrachte, mit kräftigen Rückstoßfedern ausgestattete Anschlagleiste. Diese wird so eingestellt, daß das Paket den Walzenspalt nicht vollständig verläßt und bei Erreichen eines bestimmten Punktes von der Anschlagleiste zurückgestoßen wird. Gleichzeitig findet eine Umsteuerung der Drehrichtung der Maschine statt, die mechanisch oder elektrisch bewirkt werden kann, so daß also das Paket zu seinem Ausgangspunkt und zum Maschinenführer zurückkehrt. Wird Prägung in nur e i n e m Durchgang gewünscht, so kann man die Anschlagleiste entsprechend einstellen und das Paket nach einem Durchgang an der anderen Seite abnehmen. Bei zweimaligem Durchlauf des Paketes durch den Walzenspalt entsteht eine gewisse Friktion oder Verschiebung innerhalb des Paketes, die nicht für alle Dessins geeignet ist. Gewisse Dessins dürfen daher nur einmal durch die Maschine laufen, während andere Dessins, wie beispielsweise gewisse Hammerschlagmuster, zweimal passieren können, weil bei diesen Mustern eine gewisse Verschiebung des Dessins sogar wünschenswert ist. Die Präge-Effekte können sowohl einseitig als auch zweiseitig ausgeführt werden. Der Aufbau des Paketes hat sich dann nach diesen Forderungen zu richten. Die Höhe der zu bildenden Pakete hängt ebenfalls von den zu prägenden Mustern ab. Es können schon Pakete von 3 bis 4 cm Höhe ohne weiteres geprägt werden.

Die gleiche Maschine dient vor allem aber auch zur Herstellung von Leinenprägungen, wie sie gerade für Schreibpapiere äußerst beliebt sind. Dabei wird in der Weise verfahren, daß jeweils ein Bogen Papier zwischen zwei auf Format ausgeschnittene Leinengewebe gelegt wird. Man bildet auf diese Weise ein Paket, das durch zwischengelegte Zinkplatten und Abdeckplatten die nötige Stabilität erhält. Man kann dabei auch in der Weise verfahren, daß man die Leinengewebe auf Zinkplatten aufklebt und mit diesen dann entsprechende Pakete bildet, die in der geschilderten Weise die Maschine passieren. Der Effekt ist natürlich in beiden Fällen verschieden, und man hat es auf diese Weise in der Hand, unter Verwendung entsprechender Leinengewebe allen Wünschen in Bezug auf Ausdruck und schreibfähige Glätte Rechnung zu tragen.

Die Prägetechnik bei Plattenprägungen bietet eine Fülle von Möglichkeiten. Der mit der Papierveredlung einigermaßen Vertraute wird dies auch schon aus den obigen Ausführungen erkannt haben. Es ist daher kaum möglich, für die Prägetechnik bei der Plattenprägung bestimmte Normen aufzustellen. Der praktischen Erfahrung kommt bei der Anwendung dieser Technik eine ganz besondere Bedeutung zu.

Abschließend sei noch gesagt, daß in der Regel vor dem Walzwerk, und zwar meist an jeder Seite, ein langer Tisch angeordnet ist, auf dem laufend die Prägepakete vorbereitet werden. Nur so ist es möglich, ein wirtschaftliches Arbeiten mit dieser Maschine zu erreichen. Aus dem Gesagten geht schon hervor, daß natürlich auch für die Vorbereitung der Pakete mehrere Leute erforderlich sind, was naturgemäß die Kosten der Prägung nicht unwesentlich erhöht. Der Ablauf der Arbeit muß so gestaltet sein, daß kein Stillstand entsteht und daß die Vorbereitung der Pakete so erfolgt, daß man die Maschine fortgesetzt beschicken kann.

Der Prägekalander

Der Prägekalander bietet als Veredelungsmaschine für die Papier-Ausstattung eine sehr weite Verwendungsmöglichkeit. Grundsätzlich unterscheidet man dabei, je nach den zu erzielenden Präge-Effekten, zwei- und dreiwalzige Kalander. Die zu erzielende Prägung richtet sich nach dem Verwendungszweck der geprägten Papiere, und man unterscheidet dabei

a) sogenannte normale Präge-Effekte, bei denen die Oberfläche ein positives und die Rückseite ein negatives Prägebild zeigt,

b) sogenannte Transparent-Effekte, bei denen das Prägebild nur ein ganz schwaches Relief zeigt und mehr durch Transparenz zur Wirkung kommt. Die Musterung des Papiers ist bei diesem Effekt sehr flach.

Nachstehend sei nun auf die einzelnen Prägemethoden und die dabei verwendeten Maschinen näher eingegangen.

Normal-Prägung

Zur Erzielung *normaler Präge-Effekte* genügt ein normaler zweiwalziger Prägekalander (Tafel VIII/2). Bei dieser Maschine in die obere Walze eine Stahlwalze, während die darunter liegende elastische Walze, meistens eine Papierwalze, das

Muster aufnimmt und also ein genaues Negativ der Gravur bildet. Man erhält auf diese Weise durchgeprägte Papiere, wie sie für die verschiedensten Ausstattungszwecke verwendet werden. Wichtig ist dabei, daß die beiden Walzen in einem genauen Umfangsverhältnis zueinander gehalten werden und durch Rapporträder untereinander verbunden sind. Für jedes Muster ist ein kompletter Walzensatz, bestehend aus einer gravierten Stahlwalze, einer Papierwalze und einem Paar Rapporträdern, demnach erforderlich. Meist wird die Stahlwalze gebohrt und mit Dampf-, Warmwasser- oder Elektroheizung versehen, deren Anwendung bei manchen Papieren zur Erzielung des gewünschten Effektes wünschenswert ist.

Für normale Prägungen verwendet man meistens elastische Walzen mit einem guten Wollpapier-Bezug. Die Stahlwalze aus SM-Stahl mit etwa 60 kg Festigkeit wird mit dem gewünschten Prägemuster graviert. Nun wird nach Einlegen der Walzen die Papierwalze so lange mit einem Schwamm gewaschen, bis sich das Muster der Stahlwalze als Negativ in der Walze präsentiert. Zu diesem Zweck müssen Stahlwalze und Papierwalze umfangmäßig genau aufeinander abgestimmt und die beiden Walzen durch Rapporträder miteinander verbunden sein. Bei der Normalprägung ist vor allen Dingen darauf zu achten, daß die Papierwalze während des Prägens durch Einlaufen von Falten oder Papierabriß nicht beschädigt wird. Da zu einer einwandfreien Prägung Stahlwalze und Papierwalze umfanggebunden sind, können Beschädigungen dazu führen, daß die Papierwalze neu bezogen werden muß, was mit entsprechenden Kosten verbunden ist.

Bei der Normalprägung lassen sich durch Zuhilfenahme von Zusatzeinrichtungen sehr schöne Effektverbesserungen erzielen. So werden diese Prägekalander häufig mit einem Farbwerk ausgestattet, bei dem dann die Farbe auf die Relief-Partien der gravierten Stahlwalze übertragen wird, so daß also in einem Durchgang geprägt und auch eingefärbt werden kann. Man erhält auf diese Weise sehr schöne zweifarbige Muster, die sich für viele Zwecke besonders gut verwenden lassen.

Für ganz bestimmte Präge-Effekte, z. B. tiefe Erbsen- und Wellenmuster, wie sie beim Prägen von Pergamin- und sonstigen Verpackungspapieren für Schokolade- und Pralinen-Packungen verwendet werden, genügt es nicht, mit einem normalen Prägewalzensatz, bestehend aus Stahlwalze, eingelaufener Papierwalze und Rapporträdern, zu arbeiten. Für diese Spezialprägungen verwendet man am zweckmäßigsten einen sogenannten *Union-Walzensatz.* Dieser Walzensatz besteht aus zwei Stahlwalzen gleichen Umfanges, die beide mit dem gleichen Dessin in der Weise graviert sind, daß die Oberwalze das Positiv und die Unterwalze das Negativ der Prägung zeigt. Nur mit einem solchen Union-Walzensatz lassen sich diese Muster, die eine ziemlich starke Gravurtiefe haben, einwandfrei prägen.

Transparent- und Flachprägung

Für die Herstellung von sogenannten *Transparent- und Flachprägungen* (Tafel IX/1) verwendet man am zweckmäßigsten einen dreiwalzigen Kalander, da zur Erzielung dieser Effekte die elastische Walze unter keinen Umständen die Gravur der Stahlwalze aufnehmen darf. Die mittlere Walze muß vollkommen glatt bleiben, damit auch die Rückseite des Papieres vollkommen glatt bleibt. Zu diesem Zweck ist unter der elastischen Walze noch eine glatte Stahlwalze angeordnet, welche dem sogenannten Einlaufen des Musters in die elastische Walze entgegenwirkt. Zur Herstellung dieser Effekte kann man zusätzlich auch Heißprägung verwenden. Die gravierten Stahlwalzen werden zu diesem Zweck meist mit einer Bohrung und einer Heizvorrichtung versehen, so daß also unter Zuhilfenahme von Temperatur der gewünschte Präge-Effekt noch gesteigert werden kann.

Das Prägeverfahren mit dem Kalander hat natürlich gegenüber dem Prägen mit dem Plattenprägewerk den Vorzug erheblich größerer Wirtschaftlichkeit, da man beim Kalander von der Rolle arbeiten kann. Moderne Prägekalander sind so eingerichtet und konstruiert, daß je nach Dessins mit einer Geschwindigkeit bis zu 40 m/min und noch darüber gefahren werden kann. Das sind Produktionszahlen, die mit einem Plattenprägewerk auch nicht annähernd erreicht werden können. Im übrigen besitzen moderne Prägekalander alle denkbaren Erleichterungen zur Durchführung eines schnellen Auswechselns der gravierten Stahlwalze. Dafür besitzt allerdings die Plattenprägung Vorzüge, die man mittels eines Prägekalanders nicht ganz erreichen kann. Es besteht natürlich das Bestreben, auch mit Hilfe des Prägekalanders, besonders für die Ausstattung von Schreibpapieren, den Plattenprägungen so nahe wie möglich zu kommen. Dazu ist aber unbedingt ein dreiwalziger Kalander erforderlich, der zu diesem Zweck noch einige Zusatzeinrichtungen besitzen muß.

Bei diesen Transparent- und Flachprägungen kommt natürlich der mittleren elastischen Walze eine besondere Bedeutung zu. Bei vielen Papieren ist z. B. eine ausgesprochene Flachprägung ohne jede Transparenz sehr beliebt. Um diese der Plattenprägung nahe kommenden Effekte zu erreichen, ist die Verwendung einer Papierwalze mit größerer Elastizität bzw. einer hochelastischen Baumwoll- oder Baumwollfaserwalze zu empfehlen. Die vorhin erwähnten Zusatzeinrichtungen am Kalander geben diesen Mustern den letzten Schliff. Richtige und zweckentsprechende Ausführung der Gravur ist naturgemäß Voraussetzung.

In diesem Zusammenhang sei noch der Vollständigkeit halber erwähnt, daß der Dreiwalzen-Kalander durch den Einbau einer Abstützvorrichtung ohne weiteres auch für Normalprägung, wie sie unter a) geschildert wurde, verwendet werden kann. In allen Fällen, wo es also darauf ankommt, eine möglichst große Auswahl von Mustern der verschiedensten Art zu bringen, empfiehlt sich stets die Verwendung eines Dreiwalzen-Prägekalanders der oben geschilderten Art. Selbstverständlich kann man auch mit einem Zweiwalzen-Kalander unter Zuhilfenahme einer entsprechend hergestellten Papier- oder Baumwollwalze Transparent- und Flachpräge-Effekte erzielen. Hierbei besteht aber immer die Gefahr, daß die Gravur in der Gegenwalze markiert und daß es Schwierigkeiten gibt. Für Heißprägung wird die Stahlwalze entsprechend gebohrt und für Dampf-, Warmwasser- oder elektrische Heizung eingerichtet. Da beim Prägen öfters ein Walzenwechsel vorgenommen werden muß, achte man stets darauf, daß die Kalander für einen leichten Walzenwechsel eingerichtet sind (Klapplager).

Auch der Arbeitsgeschwindigkeit kommt besonders bei Transparent- und Flachprägung eine gewisse Bedeutung zu, da manche Muster durch Erhöhung der Geschwindigkeit an Aussehen und schreibfähiger Glätte gewinnen. Es dürfte sich aber in jedem Falle empfehlen, bei Prägekalandern stufenlos regelbare Antriebe vorzusehen.

Echtleinen-Prägung

Die Echtleinen-Prägung ist besonders für die Ausstattung von Schreibpapieren wohl die älteste und bekannteste Veredlungsart. Bereits bei der Plattenprägung wurde auf diese Art der Veredlung eingegangen. Auch hierbei spielt natürlich der Kostenpunkt für die Herstellung der Prägung eine ganz besondere Rolle.

Es ist ganz klar, daß für billigere Gebrauchspapiere die Plattenprägung zu kostspielig ist. Man hat daher seit langem versucht, eine gut schreibfähige Leinenprägung auf billigere und rationellere Weise herzustellen. Hierzu kann man einmal die Transparentprägung verwenden, wobei also eine entsprechend ausgeführte Leinengravur auf eine Stahlwalze gebracht und dann in der üblichen Weise mit dem Dreiwalzen-Kalander geprägt wird. Bei dieser Methode kann man ohne weiteres verschiedene Leinenmuster gravieren lassen und braucht dann jeweils nur die Stahlwalze auszuwechseln. Allen gravierten Leinenmustern fehlt aber der besondere Charakter des natürlichen Gewebes, der nur durch ein echtes Leinengewebe erzielt werden kann. Man ging daher dazu über, eine Prägemethode zu entwickeln, bei der mit einem Leinengewebe kontinuierlich gefahren werden kann. Zu diesem Zweck konstruierte man einen besonderen Kalander, der mit drei Auf- und drei Abwicklungen ausgerüstet war. Bei diesem Kalander wurde nun in die obere und die untere Abwicklung je eine etwa 120 m lange Rolle Leinengewebe eingelegt. In die mittlere Abwicklung legte man die Rolle Papier. Das Papier wurde nun zwischen den beiden Leinengeweben durch den mit zwei Walzen ausgestatteten Kalander hindurchgeführt, so daß das Papier beim Durchgang von beiden Seiten durch das gleichzeitig mit durchlaufende Leinengewebe geprägt wurde. Auf der anderen Seite wurden dann die beiden Leinenrollen und das Papier wieder aufgewickelt. Waren die Leinenrollen zu Ende, dann wurde die Maschine stillgesetzt, eine neue Rolle Papier eingelegt, und der Prägevorgang wickelte sich dann in der gleichen Art und Weise von der anderen Seite aus ab. Zu diesem Zweck war der Kalander für Vor- und Rücklauf eingerichtet und mit entsprechend umstellbaren Auf- und Abwicklungen versehen. Kalander dieser Art sind auch heute noch in Betrieb, haben aber den Nachteil, daß große Zeitverluste durch die im Verhältnis zur Kalandergeschwindigkeit kurze Gewebelänge entstehen. Um diese toten Zeiten auszumerzen, wurde eine andere Lösung gefunden, die folgendermaßen aussieht: Man wählte einen Kalander mit hydraulischer Drucksteuerung und zwei Papierwalzen (Tafel IX/2), die mit einem für den in Frage kommenden Zweck besonders ausgewählten Papier bezogen waren. Die Papierwalzen wurden nun mit einem Leinengewebe in der Form umklebt, daß der Stoß, also die Linie, auf der das Leinengewebe aneinandergefügt war, auf dem zu prägenden Papier nicht markiert. Diese Maschine hat den Vorzug einer sehr viel größeren Wirtschaftlichkeit, da bei diesem Verfahren mit Geschwindigkeiten bis zu 150 m/min gefahren werden kann. Zur Erreichung dieser hohen Geschwindigkeiten wurde auch ein Kalander mit hydraulischem Druck von max. etwa 50 to gewählt. Selbstverständlich kann man auch eine leichtere Maschine für diesen Zweck verwenden, doch ist dann die maximale Leistung der Maschine entsprechend kleiner. Die Erfahrung hat gelehrt, daß die schöneren Effekte bei entsprechend höheren Geschwindigkeiten erzielt werden können.

Filigranier-Prägung

Bei der Filigranier- oder Wasserzeichen-Prägung — sogenannte Transparent-Wasserzeichen-Prägung — handelt es sich um eine Ausstattungsart, welche in erster Linie für Zigarettenpapiere Verwendung findet. Der besonderen Art dieser Prägung entsprechend verwendet man hierfür einen Vielwalzen-Kalander, und zwar meistens einen Fünfwalzen-Kalander, bei dem die gravierte Stahlwalze in der Mitte liegt. Oben und unten sind Hartgußwalzen angeordnet und unter der gravierten Stahlwalze eine Papierwalze. Bei diesem Prägeverfahren läuft das zu prägende Papier ausschließlich durch eine Walzenfuge unmittelbar unter der gravierten Stahlwalze. Hierbei sind Leistungen von etwa 70 m/min erzielbar. Die fünfwalzige Bauart gestattet auch die gleichzeitige Prägung von zwei Warenbahnen, und zwar einmal in der unteren und einmal in der oberen Walzenfuge unmittelbar unter oder über der gravierten Stahlwalze. Man kann die Filigranierprägung auch auf einem dreiwalzigen Kalander erzielen, jedoch wird allgemein dem fünfwalzigen Kalander der Vorzug gegeben, weil die Leistung höher ist und bei der fünfwalzigen Bauart eine größere Sicherheit für eine glatte wasserzeichenähnliche Prägung ohne Eindrücke gegeben ist.

Mit Erlaubnis des Autors entnommen Nr. 20/1952 der „Allgemeinen Papier-Rundschau", Frankfurt am Main.

Moderne Maschinenanlagen für die Herstellung von Krepp- und Bitumenpapieren

Von Georg Böttinger, Dossenheim-Heidelberg

Die Kreppapiererzeugung stellt heute einen außerordentlich breiten Sektor in der Papierindustrie aller Länder dar. Angefangen von den leichten, in allen Farben in den Handel kommenden herrlichen Dekorations-Seidenkreppapieren mit ihren eigenartigen, zarten, moosartigen Aussehen läuft die Skala der Kreppapiererzeugung durch alle Papiergewichte bis zu schwerstem Kraft-Kreppapier. Servietten-, Tischtuch-, Handtuch-, Toiletten-Kreppapiere usw. sind als sogenannte Haushalt-Kreppapiere für alle Hausfrauen zu einem Begriff geworden. Auch für gewerbliche und sanitäre Zwecke ist Kreppapier mit seinen schmiegsamen und elastischen Eigenschaften ein immer mehr angewandtes Produkt. In ganz großen Massen werden *leichte, mittelschwere* und selbst *schwerste* Krepppapiere als sogenannter „Kraft-Krepp" für Verpackungszwecke verwendet. Auch mit Gewebe-, Folien- und sonstigen Materialien kaschiert kommt Kreppapier teils für Dekorationszwecke, teils für wertvolles Verpackungsmaterial in den Handel. In diesem Zusammenhang muß auch das sogenannte Bitumen-Kreppapier erwähnt werden. Kreppapiere, mit einem Bitumen-Aufstrich versehen und auf Jute-Gewebe aufkaschiert, ergeben ein wasserdichtes, billiges, ganz außerordentlich festes Packmaterial, geeignet für den Transport feuchtigkeits-empfindlicher Güter. In erheblichem Umfange wird Bitumen-Krepp, bestehend aus zwei durch eine Bitumenschicht verbundenen Kraft-Kreppapieren, benötigt, die als elastische feuchtigkeitsundurchlässige Zwischenlagen in Papiersäcken Anwendung finden. Diese Papiersäcke werden in unvorstellbaren Mengen für den Transport hygroskopischer Materialien, wie Zement, Kunstdünger usw. benötigt.

Eine Sonderstellung unter den Kreppapieren nehmen die sogenannten Doppel-Kreppapiere ein. Während die normalen Kreppapiere immer nur in einer Richtung, d. h. in Längsrichtung der Papierbahn, dehnbar sind, verfügen die Doppel-Kreppapiere über eine Dehnbarkeit, die sowohl in Längs- als auch in Querrichtung der Papierbahn verläuft. Diese nach allen Seiten hin dehnbaren Kreppapiere kommen jedoch nur für diverse Sonderzwecke zur Verwendung, und steht dieses Gebiet erst am Anfang seiner Entwicklung.

Durch die immer weitere Basis, die die Kreppapier-Erzeugung in der Papierindustrie einnimmt und durch die seit dem Kriege wesentlich gestiegenen Anforderungen, die von seiten der Verbraucher an die Qualität des Kreppapiers gestellt werden, wurden die Konstrukteure veranlaßt, mit Neukonstruktionen in Kreppmaschinen aufzuwarten, welche die Vorkriegsmaschinen nicht nur in bezug auf Leistung und in der Qualität des erzeugten Kreppes wesentlich übertreffen, sondern auch zusätzliche neue Arbeitsgänge ermöglichen*).

---

*) Tafel X/1 zeigt eine Hochleistungs-Kreppmaschine.

Natürlich müssen auch die zu kreppenden Rohpapiere gewissen Voraussetzungen entsprechen. Diese sollen nicht nur gut saugfähig sein, um die zur Durchführung des Krepprozesses notwendige Menge Leimlösung aufnehmen zu können, sondern sollen dieselben auch, zum mindesten die stärkeren Papiersorten, über wenigstens eine glatte Papierbahnseite verfügen.

Zur Durchführung des Kreppvorganges nach dem üblichen, sogenannten Naßkreppverfahren werden die Papierrollen in die Kreppmaschine eingelegt und die Papierbahn durch ein Tauchbad mit Leimlösung geführt. Dieses Tauchbad ist derart universell durchgebildet, daß jeder Papierqualität nur so viel Leimlösung zugeführt wird, die genügt, um den Kreppvorgang durchführen zu können. Jedes Zuviel setzt die Arbeitsgeschwindigkeit der Kreppmaschine herab, insofern, als das in der Leimlösung befindliche Wasser wieder verdunstet werden muß. Sollen farbige Kreppapiere hergestellt werden, so werden der Leimlösung gleich die entsprechenden Farben zugesetzt. Bei ganz hohen Ansprüchen an die Färbung der Kreppapiere wird die zu kreppende Papierbahn noch durch ein sogenanntes Vorfärbewerk geführt. Im weiteren Verlauf des Arbeitsprozesses wird die so mit Leimlösung angefeuchtete, kontinuierlich laufende Papierbahn durch eine Weichgummiwalze fest gegen einen dampfbeheizten Zylinder aufgepreßt. Auf diesem heißen, rotierenden Zylinder trocknet die Papierbahn infolge der aufgenommenen Leimlösung fest, so daß vor Ablauf einer vollen Zylinderumdrehung die auf dem Kreppzylinder festhaftende Papierbahn durch ein an denselben angestelltes Stahlrakel von diesem abgeschabt wird. Bei diesem gewaltsamen Lösen der Papierbahn vom Kreppzylinder wird dieselbe in kleine Fältchen zusammengestaucht. Ein angeschlossener Lauffilz übernimmt die so vom Kreppzylinder kommende, gekreppte, noch feuchte Papierbahn und führt diese um einen oder mehrere angeschlossene Trockenzylinder herum, so daß diese vollkommen trocken den letzten Trockenzylinder verläßt und anschließend durch die Kreppmaschine zu exakten Rollen aufgewickelt wird.

Mit Vorstehendem ist in kurzen Worten die Arbeitsweise einer Kreppmaschine geschildert. Doch gehört zum einwandfreien, rationellen Arbeiten einer Kreppmaschine die Beachtung vieler Dinge, die beim Bau einer solchen Maschine Berücksichtigung finden müssen und eine jahrelange, konstruktive Erfahrung im Bau solcher Spezialmaschinen voraussetzen.

Kreppmaschinen werden heute für alle Leistungen gebaut. Kommt nur die Herstellung leichter Seidenkrepp-, Toilettenkrepp-Papiere usw. in Frage, so genügt eine kleinere Kreppmaschine mit einem Kreppzylinder von etwa 750 mm Ø und einem angeschlossenen Trockenzylinder von etwa 1500 mm Ø. Wird die Herstellung leichter Seidenkrepp-Papiere, darüber hinaus aber auch die Herstellung mittelschwerer Packkrepp-Papiere verlangt, so haben sich Kreppmaschinen mit einem Kreppzylinder von 1000 m Ø und einem angeschlossenen Trockenzylinder von 2000 mm ∅ in der Praxis gut bewährt. Wird jedoch die Herstellung aller in den Handel kommenden Krepp-Papiere verlangt, angefangen vom leichtesten Seidenkrepp bis zum schwersten Packkrepp, so kommen sogenannte Universal-Kreppmaschinen zur Anwendung, mit einem Kreppzylinder von 1500 mm ∅ und mehreren angeschlossenen Trockenzylindern von ebenfalls 1500 mm ∅ und darüber.

In gleichem Maße, wie die Kreppapiere immer größeren Absatz finden, gewinnen auch die Asphalt- bzw. Bitumen-Papiere als billigstes, feuchtigkeitsundurchlässiges Verpackungsmaterial immer mehr an Bedeutung. Oftmals geht die Bitumenpapier-Herstellung mit der Kreppapier-Erzeugung Hand in Hand, indem das in der Bitumen-Papiermaschine mit einem Bitumen-Aufstrich versehene oder mit einer zweiten Papierbahn durch eine Bitumenschicht verbundene Papier auf den vorgeschriebenen Kreppanlagen zu dem beliebten, feuchtigkeitsundurchlässigen, elastischen Bitumen-Kraft-Krepp verarbeitet wird. Jedoch auch ungekreppte Bitumen- bzw. Asphalt-Papiere in den verschiedensten Abwandlungen finden als Verpackungsmaterial eine massenhafte Anwendung. Es findet sich fast kein Industriezweig, in dem nicht die Bitumen- bzw. Alphalt-Papiere infolge ihrer feuchtigkeitsabhaltenden Eigenschaften, verbunden mit einer großen Preiswürdigkeit, Eingang als Verpackungsmaterial gefunden haben. Die Bedeutung, die Bitumen-Papiere als Verpackungsmaterial erlangen konnten, ist nicht zuletzt auf die vielen Abwandlungen zurückzuführen, in denen dieses Material auf den Markt gebracht wird und oftmals Kisten, Fässer und teure Blechemballagen ersetzen können. Angefangen von Kraft-Papieren mit ein- oder doppelseitigem Bitumen- oder Asphaltbelag, auf Wunsch mit sogenannten Luftstreifen versehen, sind bitumenimprägnierte Papier-Kartons oder Papierkarton-, Papiergewebe bzw. Papierfolien-Verbindungen, bei denen eine Bitumenschicht als Auf- oder Zwischenlage Verwendung findet, im Handel anzutreffen. Auch bitumengeklebte Papierbahnen, die zur Verstärkung eine Fadeneinlage, ja sogar ein dünnes Drahtgewebe haben, sind auf dem Markt zu finden.

Neben Asphalt oder Bitumen werden in der Praxis — je nach Anforderung — als Auftrag-, Kleb- oder Imprägniermassen auch Verbindungen von Bitumenöl, Bitumenparaffin usw. angewandt.

Die überaus große Anzahl von Ausführungsarten, in denen Bitumen-*) oder Asphaltpapiere, bzw. deren Kombination, mit anderen Materialien in den Handel kommen, verlangen Produktions-Anlagen von höchst universeller Verwendungsmöglichkeit. Auf modernen Bitumen-Papiermaschinen können zwölf verschiedene Arbeitsgänge und mehr durchgeführt werden. Solche Maschinen besitzen in der Regel 2 bis 3 Bitumen-Auftragwerke, von denen das eine oder andere auch für Imprägnierzwecke Verwendung finden kann. Das Bitumen wird

* Universal-Bitumen-Papiermaschine siehe Tafel X/2.

gewöhnlich in fester Form in Fässern usw. in den Handel gebracht. In sogenannten Verschmelzanlagen wird dieses Bitumen bei Temperaturen zwischen 200 bis 300° Celsius verflüssigt. In der Regel kommen für das Aufschmelzen des Bitumens mehrere elektrisch beheizte Vorschmelzbehälter zur Verwendung. Vorzugsweise wird das Aufschmelzen des Bitumens mit dem billigeren Nachtstrom durchgeführt, und sind zu diesem Zwecke die elektrisch beheizten Vorschmelzbehälter mit automatischen Temperatur-Regelanlagen ausgestattet, die den Beheizungsstrom dann selbsttätig abstellen, wenn das Bitumen verflüssigt ist. Von diesen Vorschmelzbehältern aus wird dann das Bitumen bzw. Asphalt in ebenfalls beheizte Rohrleitungen nach den Maschinenmulden abgeführt.

In Sonderfällen, in der Hauptsache dort, wo ein größerer Bitumenbedarf vorhanden ist, kann dasselbe auch in flüssiger Form, in sogenannten Kesselwagen, vom Lieferanten bezogen werden. In diesem Falle ist die Aufstellung mehrerer größerer Vorratsbehälter erforderlich, in welche das flüssige Bitumen vom Kesselwagen aus gepumpt wird. Zur Verarbeitung wird das Bitumen von den Vorratsbehältern, die gewöhnlich durch Abdampf beheizt werden, in elektrisch beheizte Zwischenbehälter abgelassen, in diesen aufgeheizt und nach den Maschinenmulden abgeführt. Je nachdem, ob eine Papier- oder Kartonbahn imprägniert werden soll, oder aber mehrere Papierbahnen, Gewebe- oder Kartonbahnen zu einer Bahn vereinigt werden sollen, laufen entweder eine oder mehrere Bahnen gleichzeitig durch die Auftrag- oder Imprägnierwerke der Bitumen-Papiermaschine. Bevor die einzelnen Bahnen mit dem Bitumen oder Asphalt in Berührung kommen, passieren diese beheizte Walzen, um die Papier- oder Kartonbahnen von einer evtl. noch anhaftenden Feuchtigkeit zu befreien. In der Folge gelangen die Bahnen in sinnreich ausgestaltete Auftragwerke, in denen die Bahnen einen absolut gleichmäßigen Bitumen- oder Asphalt-Auftrag erhalten. Soll die eine oder andere Bahn imprägniert werden, so passiert diese eine kürzere oder längere Tauchstrecke im Imprägnierbad, um dann bei dem Badausstieg durch besondere Walzenpressen von der zuviel anhaftenden Imprägniermasse befreit zu werden. Zum Zwecke einer genauen Einhaltung der Verarbeitungstemperatur der Auftrag- oder Imprägniermasse sind die Maschinenmulden in der Regel elektrisch beheizt und arbeiten in Verbindung mit automatischen Temperatur-Regelanlagen. Die von den Auftrag- oder Imprägnierwerken kommenden Bahnen werden nun in eine angeschlossene Walzenpresse geführt und auf derselben zu einer Bahn vereinigt. Es ist selbstverständlich, daß auch die Auftrag- und Preßwalzen-Partien beheizt sind. Nach dem Passieren der Vereinigungspresse wird nun die erzeugte Einzelbahn über eine längere Überführungsbrücke nach der Kühlstation geführt. Diese besteht in der Regel aus einem oder mehreren wassergekühlten Zylindern, über welche die Bahn geführt, das Bitumen zum Erstarren und so der Klebprozeß zum Abschluß gebracht wird. In der Folge gelangt die Bahn zur

Aufrollung, um in derselben oft zu Rollen von über 1 m ∅ aufgewickelt zu werden.

Sollen Papier-, Kartonbahnen usw. imprägniert werden, ist es auch möglich, die Kühlstation zu beheizen, so daß in diesem Falle die imprägnierten Bahnen getrocknet werden können und beim Aufrollen nicht mehr zusammenkleben.

Moderne Bitumen-Papiermaschinen sind ziemlich umfangreiche Maschinenanlagen von höchster Präzision, insofern, als an die Güte und Gleichmäßigkeit des Bitumen-Auftrages heute die größten Anforderungen gestellt werden. Es ist selbstverständlich, daß daneben auch allerhöchste Arbeitsgeschwindigkeiten erreichbar sein müssen. Aus diesem Grunde verfügen Bitumen-Papiermaschinen über modernste, oftmals elektrisch gesteuerte, regelbare Antriebe, um für alle vorkommenden Arbeitsgänge die jeweils höchstmögliche Arbeitsgeschwindigkeit einstellen zu können.

Da dem Asphalt, Bitumen und deren Verbindungen wie Bitumenöl, Bitumenparaffin usw. als billige Imprägnier- und Klebemassen zur Erzeugung feuchtigkeitsabhaltender Verpackungsmaterialien immer mehr Bedeutung zukommt, ist dieses Gebiet der Packmaterialerzeugung keineswegs abgeschlossen. Vielmehr dürften in der kommenden Zeit maschinelle Neuschöpfungen zu erwarten sein, die der papierverarbeitenden Industrie neue Ausnützungsmöglichkeiten erschließen.

VII. Kapitel

Papierveredelung durch Oberflächen-Beschichtung
Gestrichene Papiere

Von Dipl.-Ing. Johannes Bauer

Unter gestrichenen Papieren versteht man allgemein Papiersorten, die vor der eigentlichen Verwendung im graphischen Gewerbe noch einer besonderen Bearbeitung in den Papierstreichereien unterworfen sind. Diese besteht darin, daß das Rohpapier durch besondere maschinelle Einrichtungen mit einer milchigen Suspension von geschlämmten Weißpigmenten überzogen wird, wobei auch gegebenenfalls bunte Farbstoffe mit verwendet werden.

Drei große Gruppen gestrichener Papiere

Man unterscheidet im allgemeinen drei große Gruppen gestrichener Papiere. Als erste Gruppe könnte man die sogenannten Kunstdruckpapiere nennen, welche gewöhnlich auf beiden Seiten gestrichen sind und fast ausschließlich für Buchdruck (Autotypie) Verwendung finden, so zum Beispiel für illustrierte Zeitschriften. Die zweite Gruppe stellen die sogenannten Chromopapiere dar, welche gewöhnlich nur auf einer Seite einen Strich erhalten haben. Diese werden in erster Linie für die Naßdruckverfahren, wie zum Beispiel Stein-, Zink- oder Offsetdruck, benötigt. Chromopapier wird daher vor allem für alle Verpackungsarten verwendet, die eine saubere Druckarbeit benötigen. Als dritte Gruppe wären die sogenannten Buntpapiere zu bezeichnen, die dadurch gekennzeichnet sind, daß sie weniger für Druckzwecke als vielmehr für Ausstattungsbedarf Verwendung finden. Sie haben auch meistens einen sehr hohen Glanz, der mittels Steinglätte erzeugt worden ist. Alle drei gestrichenen Sorten haben große Exportbedeutung.

Gestrichene Papiere in der graphischen Industrie

Die Frage, warum man gestrichene Papiere in der graphischen Industrie benötigt, ist eigentlich erst dann erschöpfend zu beantworten, wenn man die optischen Grundlagen, das heißt die Naturgesetze der Licht- und Farbenerscheinungen in der Drucktechnik, versteht. Bekanntlich müssen alle farbigen Originalbilder, die man mittels eines Druckverfahrens vervielfältigen will, in einem photographischen Reproduktionsverfahren in verschiedene Farben und damit druckfertige Metallplatten (Klischees) zerlegt werden. Diese Zerlegung geschieht dadurch, daß man das farbige Originalbild durch verschiedenfarbige Filter photographiert, wobei man gleichzeitig eine Art feinstes Sieb vorschaltet. Durch dieses optische Sieb, den sogenannten Raster, wird das Bild in feinste Teilchen zerlegt, so daß man später im Druck aus diesen Einzelteilchen wieder das Gesamtbild mosaikartig zusammensetzen kann. Gewöhnlich photographiert man heute durch gelbe, rote und blaue Filter, um auf diese Weise die drei verschiedenfarbigen Druckplatten zu erhalten. Der sogenannte Raster muß in der Größenordnung so klein gewählt werden, daß er einesteils von unserem Auge nicht mehr als mosaikartige Struktur aufgelöst wird und anderenteils sich der mehr oder weniger ungleichmäßigen Faserstruktur der Papieroberfläche anpassen kann. Normales ungestrichenes Papier hat durch seine Faserstruktur keine gleichmäßige und geschlossene Oberfläche, wie sie für feine Rasterdrucke in der Größenordnung von etwa 80 Linien je Zentimeter in Frage kommt. Ein solcher Rasterpunkt hat etwa die Größe von ein Sechszehntel Millimeter. Die Faserlängen von Papier bewegen sich gewöhnlich in der Größenordnung von ein Zehntel bis anderthalb Millimeter. Daraus ist schon ersichtlich, daß die Papieroberfläche für derartig kleine Punktelemente ein zu grobes Gefüge hat. Sind dagegen auf diese Faserstruktur des Papiers fein geschlämmte Weißpigmente, wie zum Beispiel Kaolin (Silikate), Barium-Sulfat oder Glanzweiß (Kalziumsulfoaluminat), aufgetragen, deren Korndurchmesser etwa ein Tausendstel bis ein Fünfzigstel Millimeter groß ist, dann ist die Papieroberfläche durch diese optisch nicht mehr auslösbaren Teilchen zu einer geschlossenen gleichmäßigen Fläche ausgebildet worden. Erst eine solche geometrische Ebene ist in der Lage, auch die feinsten Rasterpunkte gleichmäßig anzunehmen, wie dies für alle photographieähnlichen Bildwiedergaben notwendig ist. Weiterhin ist dabei wichtig, daß ungestrichenes Papier die Druckfarbe infolge der Saugfähigkeit der einzelnen Fäserchen nach allen Seiten hin mehr oder weniger auslaufen läßt. Papier besteht aus einem kommunizierenden Röhrensystem, wobei schon die Zellstoffaser selbst heterokapillar ist, das heißt aus submikroskopischen Spalten und Hohlräumen besteht. Dadurch wird ein feinrastriger Druck auf einer ungestrichenen Papieroberfläche nicht mehr sauber ausdrucken können. Die Rasterpunkte laufen ineinander, und die Bildwirkung wird vernichtet. Wir sehen also, daß eine der Hauptaufgaben des gestrichenen Papiers darin liegt, für feinrastrige Druckarbeiten eine geeignete Unterlage zu bieten. Man könnte denken, daß durch starkes Glätten (Kalandern) auch dem Rohpapier leicht eine homogene Oberfläche gegeben werden könnte. Das Gegenteil ist jedoch der Fall. Durch das Kalandern werden die dickeren Stellen des Faserfilzes besonders stark zusammengepreßt, so daß sie weniger saugfähig für die Druckfarbe werden. Die Ungleichmäßigkeit der Farbaufnahme wird dadurch also noch erhöht.

Der Farbenreiz „Weiß"

Außer der optischen Zerlegung, die im graphischen Gewerbe ein Hauptererfordernis ist, verlangt auch die additive oder subtraktive Farbmischung der Druckfarben eine möglichst weiße Oberfläche des Papiers. Durch die Faserstruktur des ungestrichenen Papiers kann niemals eine gute Weiße erzielt werden. Der Farbenreiz „Weiß" entsteht nämlich dadurch, daß das Licht nach allen Seiten hin gleichmäßig zerstreut zurückgeworfen wird, wie dies zum Beispiel bei Schnee offensichtlich ist. Man mußte deshalb, um eine gleiche optische Wirkung bei Papier zu erzielen, nach Mineralien suchen, die ähnliche optische Eigenschaften wie Schnee haben. Derartige Produkte fand man in den weißen Erden (Silikate) oder chemisch gefällten Pigmenten, wie zum Beispiel Bariumsulfat und Kalziumsulfoaluminat. Durch ihre feine Korngröße werden alle Anforderungen an ein gutes Druckpapier erfüllt. Die feinen Teilchen füllen die Zwischenräume der ungleichmäßigen Faserstruktur aus und bewirken dadurch eine geschlossene Oberfläche. Gleichzeitig haben sie die genannten Lichtbrechungseigenschaften, so daß sie höchste Reinheit des Farbenreizes „Weiß" ermöglichen. Man kann den Weißgehalt eines Pigmentes zahlenmäßig dadurch festlegen, daß man den sogenannten Lichtbrechungsindex physikalisch bestimmt. Dieser Lichtbrechungsindex ist ein direktes Maß für die optische Weiße. So hat zum Beispiel Titandioxyd einen Lichtbrechungsindex von 2,60, Zinksulfid = 2,37, Bariumsulfat = 1,65 und Kaolin (Silikate) = 1,55. Die Leuchtkraft der Druckfarben hängt aufs engste mit diesem Weißgehalt der Papieroberfläche zusammen. Aber auch beim schwarzen Buchdruck, der gestochene Schärfe haben soll, ist die hohe Kontrastwirkung zwischen Papierweiße und Druckerschwärze von ausschlaggebender Bedeutung. Hierbei treten an den Grenzflächen gewisse Brechungserscheinungen auf, die einesteils die schwarze Farbe noch vertiefen und anderenteils die weiße Farbe des Papiers noch heller erscheinen lassen. Ohne diesen Farbenkontrast könnte man überhaupt nicht lesen, da die einzelnen Buchstaben wegen der optisch mangelhaften Bilderzeugung unscharf wären und mit ihren Randsäumen übereinandergreifen würden. Selbst gutdeckende Druckerschwärze wirft noch etwa 15 Prozent des vom weißen Grund reflektierten Lichtes zurück, so daß hier eigentlich anstatt Schwarz nur Grau erscheinen müßte. Aber die Abgrenzung eines schwarzen Buchstabens, die nur auf gestrichenem Papier so scharf möglich ist, erzeugt ein weißes Kontrastfeld am Buchstabenrand, so daß der Buchstabe um so schwärzer erscheint. So beobachtet man vergleichsweise auch an der Giebellinie eines sich gegen den Himmel abhebenden Hausdaches einen hellen Randsaum. Dies ist ebenfalls eine solche Kontrasterscheinung, die jedoch nicht ein physiologisches Nachbild, sondern einen simultanen (gleichzeitigen) Helligkeitskontrast darstellt.

Kontrastwirkung zwischen Druckfarben und weißer Papieroberfläche

Grundsätzlich sind die meisten Druckfarben keine echten Deckfarben, sondern sogenannte durchscheinende Lasurfarben, deren farbige Reflexionen nur auf ganz weißem Untergrund, also auf gestrichenem Papier, vollkommen sein kann. In der Drucktechnik sind ja die gewöhnlichen bunten Farben nicht die eigentliche Schwierigkeit. Die Lebendigkeit und die Leuchtkraft eines gedruckten Bildes hängt davon ab, welche Kontrastwirkung zwischen den Druckfarben und der weißen Papieroberfläche erreicht worden ist und welchen Umfang die photosynthetische Aktivität der verwendeten Weißpigmente angenommen hat. So ist zum Beispiel in der Drucktechnik die Darstellung des Metall- und Silberglanzes, der Spiegelung von Glas oder des fließenden Glanzes von Seide und Geweben die schwierigste Aufgabe, die nur auf gestrichenem Papier zu lösen ist. In diesem Zusammenhang könnte man vielleicht sagen, daß die Farbe „Weiß" drucktechnisch nicht darstellbar ist, obwohl sie zur Leuchtkraft von Druckfarben unbedingt vorhanden sein muß. Aber der Farbenreiz „Weiß" entsteht nur dann, wenn, wie bereits gesagt, durch absolut deckende Weißpigmente eine diffuse Reflexion vorhanden ist. Durch die Rasteraufteilung in der Drucktechnik ist deswegen grundsätzlich die Farbe „Weiß" nicht darstellbar. Man könnte also sagen, gestrichene Papiere verdanken ihre Entstehung der Tatsache, daß man deckende weiße Farben normalerweise in den üblichen Verfahren nicht drucken kann.

Vorteile gestrichener Papiere beim Druck

Trotz der bedeutend höheren Leuchtkraft aller Druckfarben auf gestrichenem Papier ist der Druckfarbenverbrauch wesentlich geringer als auf einer ungestrichenen Papierfläche. Bei Flächendruck kann diese Druckfarbenersparnis vergleichsweise bis etwa 90 Prozent betragen. Gestrichene Papiere ermöglichen grundsätzlich eine schnellere chemische Trocknung der Druckfarben durch Oxydation und Polymerisation, während ungestrichene Papiere durch ihre große „innere Oberfläche" starkes Aufsaugen des Farbbindemittels verursachen.

Weiterhin kann man sich vorstellen, daß bei der Verwendung gestrichener Papiere die Herstellung von Druckplatten nicht so sorgfältig und auch ihre Ätzung nicht so tief ausgeführt zu werden braucht. Dadurch tritt sowohl Metallersparnis an Zink und Aluminium als auch ein großer Zeitgewinn in der gesamten Zurichtung ein.

Im Offsetverfahren werden gestrichene Papiere auch deswegen bevorzugt, weil das Abheben von feinen Fäserchen, das sogenannte Stäuben, das den Auflagendruck bei ungestrichenem Papier manchmal sehr erschwert, vollkommen unmöglich ist und dadurch Ausschuß und Stillstand verringert wird.

Die vollkommen geschlossene Oberfläche gestrichener Papiere ermöglicht auch erst die für viele Zwecke notwendige Lackierung von Papier. Auch das Dehnungsvermögen von gestrichenem Papier ist durch die Art seiner Herstellung um 50 Prozent gemindert. Diese Tatsache bedeutet eine wesentliche Erleichterung bei den sogenannten Paßunterschieden, die zwischen den einzelnen Rasterdrucken auftreten können. Dadurch wird die oftmals notwendige Neuanfertigung von Metallklischees überflüssig und damit wertvolles Material eingespart.
Bei der Verwendung von gestrichenem Papier tritt auch eine wesentliche Faserersparnis ein. Ein normales Chromopapier von 100 g/qm enthält etwa 30 Prozent anorganischer Mineralbestandteile, so daß auch nach dieser Richtung hin gestrichene Papiere an der Lösung wichtiger volkswirtschaftlicher Aufgaben beteiligt sind.

Das Streichen der Rohpapiere

Zur eigentlichen Herstellung der gestrichenen Papiere ist wichtig zu wissen, daß sich hierfür nur besondere Rohpapiere eignen. Denn durch den Streichprozeß wird das Rohpapier nochmals vollständig durchweicht und wiederum getrocknet und geglättet. Diese starke Beanspruchung würde ein ausgesprochenes minderwertiges Rohpapier nicht aushalten. Um die Weißpigmente auf Papier zum Haften zu bringen, sind natürlich leimartige Bindemittel notwendig. Man hat hierzu früher fast ausschließlich Kaseinleim verwendet, ein Produkt, das aus Milch gewonnen wird. Neuerdings sind an die Stelle dieses Milcheiweißes pflanzliche Kohlehydrate (Stärke) getreten. Man kann selbstverständlich auch Zellulosederivate für diese Zwecke benutzen. Es eignen sich hierzu aber auch künstliche Bindemittel, die sich auf der Basis von Polyvinyl- oder Akrylsäuremethylester-Verbindungen aufbauen. Diese synthetischen Produkte können jedoch infolge ihrer hohen Biskosität nicht in der üblichen Weise verstrichen werden.

Die Streichfarben

Die Papierstreicherei ist in technologischer Hinsicht verhältnismäßig einfach, da die hierfür verwendeten Maschinen in ihrer Konstruktion leicht zu übersehen sind. Die eigentliche Schwierigkeit liegt in der Herstellung der geeigneten Streichfarben, so daß man die Papierstreicherei als ein Benetzungsproblem betrachten kann. Die Streichfarbe enthält natürlich als Verdünnungsmittel viel Wasser. Gegenüber diesem Wasser ist Papier normalerweise besonders leicht benetzbar, während es gegenüber dem Bindemittel (organischen Kolloiden) eine geringere Benetzbarkeit zeigt. Dadurch tritt eine gewisse Entmischung ein, die man bei der Zusammensetzung der Streichfarbe besonders berücksichtigen muß. Die Streichfarbe soll für diese Zwecke eigentlich zwei Eigenschaften besitzen, die sich zunächst widersprechen: Einesteils soll die Streichfarbe so flüssig wie möglich sein, um sich gut auf dem Papier verteilen zu können, und anderenteils soll sie eine möglichst hohe Klebekraft besitzen. Man muß deshalb diesen Benetzungsvorgang durch geeignete Zusätze derart verlaufen lassen, daß in der ersten Phase der Benetzung eine hohe Oberflächenspannung der Streichfarbe vorhanden ist, die sich trotz der selektiven Wirkung des Rohpapiers in der zweiten Phase verringern soll. Diese Aufgabe erfüllen bis zu einem gewissen Grade die Streichbürsten, die durch elastische Stauung eine feine Verteilung der Pigmente bewirken. Dieser Benetzungsvorgang hängt jedoch nicht nur von der Streichfarbe ab, sondern in einem gewissen Grade auch von dem verwendeten Rohpapier.

Das Haften der Pigmente auf dem Papier

Streichrohpapiere sollen möglichst einen zähen, elastischen und weichen Charakter haben. So hat besonders chlorierte Zellulose die Eigenschaft, Pigmente gut zum Haften zu bringen. Auch Oxyzellulose hat eine besondere Neigung, Metallsalze an sich zu ziehen, während die sogenannten Hemizellulosen besonders basische Farbstoffe fixieren.

Auch die elektrischen Adhäsionskräfte zwischen Bindemittel und Papier spielen beim Streichvorgang eine wichtige Rolle. Man kann durch Zusätze von bestimmten Salzen, wie zum Beispiel Aluminiumsulfat, den Ladungssinn des Papiers oder auch der Streichfarbe dergestalt beeinflussen, daß das Zusammenhaften von Weißpigmenten und Papier besonders unterstützt wird.

Das Bindemittelproblem

Die Benetzungs- und Fixierungsprobleme der Papierstreicherei sind so vielseitig, daß deren Erforschung noch große Einsparungsmöglichkeiten von Bindemitteln vermuten läßt. Der aus Weißpigmenten und Bindemitteln bestehende Strich muß nach dem Eintrocknen die Eigenschaft haben, wiederum durch geringe Feuchtigkeitsaufnahme eine gewisse Quellung durchmachen zu können. Dies wird dann zur Bildung einer vollkommen geschlossenen Oberfläche auf dem Glättwerk (Kalander) benötigt. Die gestrichene Papieroberfläche soll nicht nur geschlossen und elastisch sein, sondern sie soll auch wasserabweisend (hydrophob) sein und der Druckfarbe eine besonders günstige Adhäsionsmöglichkeit bieten.

Zusammenfassend darf man wohl die Papierveredlung als eine Industrie betrachten, die infolge ihrer Einsparung von Zellstoff, Druckfarbe und Metallen und der großen drucktechnischen Entwicklungsmöglichkeiten eine besondere Zukunftsbedeutung haben wird, besonders auch dann, wenn durch eine noch bessere Lösung des Bindemittelproblems auch minderwertigere Rohpapierqualitäten verwendet werden können.

VIII. Kapitel

Neuzeitliche Maschinen zur Papierveredelung durch Beschichtung

Streichmaschinen

Schauen Sie bitte ein Kunstdruckpapier einmal genauer an: schön weiß und glatt. Man sollte sagen, daß sich darauf gut drucken läßt. Nun, dieses Papier ist nicht so aus der Papiermaschine gelaufen. Es hat einen Veredelungsprozeß durchgemacht: Es ist auf einer Streichanlage „gestrichen" worden.

Zum besseren Verständnis dieses Begriffes diene ein Vergleich mit der Veredelungstechnik in der Holzindustrie. Dort werden weniger wertvolle Hölzer mit einer dünnen Schicht beklebt, d. h. „furniert". Damit werden Aussehen und Eigenschaften des edleren Materials angenommen.

Der gleiche Gedanke liegt der Oberflächenveredelung von Papier zugrunde: Ein einfacher „Träger" — die Rohpapierbahn — wird durch ein- oder beidseitiges Beschichten in Form eines weißen oder farbigen Aufstrichs veredelt. Das heißt: Die Poren des Rohpapiers werden geschlossen, seine Farbe verbessert, seine Griffigkeit erhöht, der Glanz durch Nachbehandlung (z. B. Satinieren und Bürsten) gesteigert und hierdurch die für das Bedrucken wichtigen Voraussetzungen geschaffen.

Die für den Streichprozeß verwendeten Streichmassen bestehen im wesentlichen aus Kaolin (einer sogenannten Erdfarbe), Satinweiß (einem Produkt aus gelöschtem Kalk und Alaun) und Blanc fixe (das seinen Ursprung in Schwerspat hat), die mittels Kasein oder Stärke gebunden werden. Die richtige Abstimmung der Bestandteile untereinander und die Beigabe von Zusätzen, die für die Qualität des Striches ausschlaggebend sind, schließen einen reichen Erfahrungsschatz der Streichereien ein und bergen noch manches Geheimnis in sich.

Die Herstellung gestrichener Papiere nahm ihren Anfang etwa in der zweiten Hälfte des vorigen Jahrhunderts. Schon sehr bald wurden dazu maschinelle Hilfsmittel herangezogen, unter denen die sogenannte Bürsten-Streichmaschine ihre Stellung bis in die jüngste Zeit behauptete.

In einem vorhergehenden Kapitel wurde bereits darauf hingewiesen, daß für die Herstellung gestrichener Papiere Spezialmaschinen zur Verfügung stehen.

Folgende Anforderungen werden an eine Streichanlage gestellt: Auftragen der Streichfarbe auf eine oder beide Seiten der Papierbahn in genau bestimmbarer Auftragstärke, Glätten und Egalisieren des Strichs, Trocknen der Streichfarbe. Die bisher gebräuchlichen Bürsten-Streichmaschinen arbeiten in der Weise, daß mittels Walzen oder endloser Filztücher die Farbe auf die Papierbahn aufgetragen wird. Um einen Zylinder herum angeordnete Verstreichbürsten, die teilweise feststehen, sich teilweise hin- und herbewegen, verstreichen die Farbe und schaffen eine gleichmäßige, glatte Oberfläche. Die Trocknung der Papierbahn geschieht in sogenannten Hängetrocknern, in denen die Bahn in Form weit durchhängender Schlaufen auf Stäben durch einen beheizten Raum transportiert wird.

Das Luftbürsten-Streichsystem

Aus konstruktiven Gründen sind der Arbeitsgeschwindigkeit und Arbeitsbreite von Bürstenstreichmaschinen und Hängetrocknern Grenzen gesetzt. Um nun den steigenden Anforderungen der Streichereien genügen zu können, wurden in Anlehnung an die Entwicklung in Amerika neue Maschinen — Luftbürsten-Streichmaschinen — entwickelt (Tafel XI/1).

Diese Maschinen arbeiten in der Weise, daß die Papierbahn durch ein Walzenauftragwerk mit einem Farbüberschuß versehen wird. Das Glätten des Striches wird durch die Luftbürste bewirkt. Diese bläst aus einem Schlitz einen vollkommen gleichmäßigen Luftstrom auf die Bahn. Hierdurch wird eine genau dosierbare Menge des Farbüberschusses abgeblasen und somit die endgültige Auftragstärke bestimmt, ferner wird die verbleibende Farbe über die ganze Arbeitsbreite einwandfrei egalisiert.

Abgesehen von der größeren Arbeitsbreite und höheren Leistung bietet die Luftbürsten-Streichmaschine den Vorteil, daß bei Farbwechsel kein Auswaschen der Bürsten erforderlich ist. Es lassen sich alle normalen, wässrigen Streichfarben verarbeiten. Besondere Bedeutung gewinnt die Verarbeitung von kunststoffleimgebundenen Farben; diese konnten auf Bürsten-Streichmaschinen nur schwer verarbeitet werden, da die Gefahr der Verhärtung der Bürsten durch die Kunststoffleime bestand.

Die Luftbürsten-Streichmaschine ist geeignet, um in einem Arbeitsgang eine Seite der Papierbahn zu streichen. Sie wird vorzugsweise eingesetzt zur Herstellung von Bunt-, Chromo-, Glacé- und Barytpapieren sowie Tapetenfonds. Auch Kunstdruckpapiere werden einwandfrei gefertigt. Allerdings muß dann die Bahn zweimal durch die Maschine laufen.

Die Anwendungsmöglichkeiten der Luftbürsten-Streichmaschinen sind außerordentlich vielseitig. So werden sie nicht nur als separate Anlagen eingesetzt, sondern sie können auch in Kartonmaschinen eingebaut werden. Es lassen sich auf diese Weise maschinengestrichene Chromokartons herstellen. Der Einbau der Luftbürste geschieht zweckmäßigerweise im letzten Drittel der Trockenpartie. Zur Vortrocknung der gestrichenen Bahn ist ein Trockenkanal erforderlich, da man den nassen Strich nicht unmittelbar mit einem Trockenzylinder in Berührung bringen darf.

Separate Luftbürsten-Streichmaschinen werden in Arbeitsbreiten von 600 bis 3000 mm und für maximale Geschwindigkeiten von etwa 300 m/min gebaut. Hängetrockner sind für solche Leistungen nicht mehr verwendbar. Moderne Streichanlagen werden daher mit Trockenkanälen ausgerüstet (Tafel XI/2). Intensive Heißluftaufblasung und die vollkommen geschlossene Bauart gewährleisten eine hohe Wärmewirtschaftlichkeit.

Glättwalzen-Streichmaschinen

Für die Fertigung doppelseitig gestrichener Papiere in einem Arbeitsgang standen ebenfalls Bürsten-Maschinen mit zwei Satz gegeneinander angeordneten Verstreichbürsten zur Verfügung.

Die Forderung nach wirtschaftlichen und leistungsfähigen Anlagen hat auch hier die Entwicklung neuer Konstruktionen bewirkt. Als eine besonders günstige Lösung des Problems ist die Glättwalzen-Streichmaschine anzusehen (Tafel XII/1). Die Papierbahn wird auf beiden Seiten mit einem Farbauftrag versehen, und zwar wird die Bahn entweder im Farbbecken getaucht, oder die untere Seite wird mittels einer Auftragwalze beschichtet, während aus Düsen die Farbe auf die Oberseite läuft.

Zwei Abquetschwalzen, deren Abstand voneinander reguliert werden kann, bestimmen die endgültige Auftragstärke. Nach dem Verlassen der Auftragpartie durchläuft die Papierbahn die Glättwalzenstation. Mehrere hochglanzpolierte, gegen die Papierlaufrichtung rotierende Glättwalzen egalisieren den Farbstrich auf beiden Seiten der Papierbahn.

Da die doppelseitig gestrichene Bahn keine Berührung mit einer Transporteinrichtung gestattet, wird sie durch einen Vortrockenkanal geführt und hier auf einem Luftpolster getragen. Nachdem der Strich genügend getrocknet ist, geschieht die Fertigtrocknung der Bahn in einem Nachtrockenkanal oder in einer Hängetrocknung je nach der gewünschten Arbeitsgeschwindigkeit einer Anlage.

Auf die Bedeutung und den steigenden Umfang der Papierveredelung wurde bereits hingewiesen. Chemie und Maschinenbau sind durch Entwicklung neuer Bindemittel und leistungsfähiger Maschinen bemüht, die Wünsche nach rationeller Fertigung und Qualitätsverbesserung zu erfüllen.

Das Luftbürsten-System bei Streich- und Auftragsanlagen

Die Entwicklung in der Chemie der Kunststoffe während der letzten 20 Jahre erschloß der Papierverarbeitungsindustrie immer größere Möglichkeiten zur Veredlung und Bearbeitung des Grundstoffs Papier.

Heute werden die hochentwickelten Kunststoffe, wie zum Beispiel die Polyvinyle, in Form von flüssigen Emulsionen auf Papier aufgetragen. Das so beschichtete Papier wird mit den erstaunlichen Eigenschaften versehen: Wasserdampfdichte, Wasserundurchlässigkeit, Aroma-, Fett- und Luftdichte. Erst seit wenigen Jahren hat ein neuartiges Luftbürstensystem bei Beschichtungsmaschinen der Veredlungs- und Bearbeitungstechnik neue Wege gewiesen.

Sehr bald hatte die Industrie die erheblichen Vorteile erkannt, die sich bei der Verwendung flüssiger Emulsionen der neuen Kunststoffe boten. Besonders schwierig aber gestaltete sich das Problem, den flüssigen Kunststoff rationell auf die Papierbahnen in den Auftrag- und Beschichtungsmaschinen zu übertragen. Dabei stellte sich klar heraus, daß die Methode des Auftragens von wässrigen Lösungen vermittels Walzen — wie es bei den Anleim-, Gummier-, Lackier- und Kaschiermaschinen bisher der Fall war — keine befriedigenden Ergebnisse zeitigte. Sehr oft gerannen die neuen Emulsionen nach der Berührung mit festen Körpern, den Walzen oder Rakeln, oder aber es war mit Mehrwalzen-Auftragwerken nicht möglich, einen geschlossenen, gleichmäßigen Auftrag zu erreichen.
Es mußten daher andere Einrichtungen entwickelt werden.

Einer Firma gelang es zuerst, nach vielen Versuchen, die schwierige Aufgabe durch Anwendung von Druckluft auf eine ideale Weise zu lösen.

Durch einen, der Bahnbreite des Papiers entsprechenden, breiten und absolut gleichmäßigen Luftstrahl, welcher sich aus einer Druckluftdrüse, der sogenannten Luftbürste, gegen die Materialbahn richtet, wird die zuvor im Überschuß aufgetragene Emulsion bis auf eine dünne und gleichmäßige Schicht entfernt. Die Gefahr des Koagulierens (Gerinnens) entfällt, da keine Reibung an festen Körpern stattfindet, wie sie in ihrer Wirkung bei dem alten System des Glättens durch metallene Streichleisten so verdrießlich wirkte.

Um den Vorgang des Beschichtens von Papier verständlicher zu machen, hier ein Einblick in die Arbeitsweise solcher Anlagen zur Papierveredlung:

Von der Rolle wird das Papier von zwei Vorzugswalzen über eine federnde Walze, welche die Aufgabe hat, Schwankungen der Papierbahn beim Ablaufen von der Rolle auszugleichen, in die Auftragsstation geführt. Eine Schöpfwalze entnimmt einer Wanne die Auftragsmasse und überträgt sie auf das Papier. Je nach Beschaffenheit des zur Verarbeitung bestimmten Materials kann diese durch eine Wasserbadheizung in der Wanne auf eine gewünschte Temperatur gebracht werden.

Die folgende Station, die wichtigste der Maschine, ist dann die Luftbürste.

Die strömungstechnisch gut durchdachte Ausbildung des Innenraumes der Druckluftdüse garantiert einen gleichmäßigen Strahl, der entsprechend seiner Kraft und Richtung die Dicke und auch die Qualität des Auftrages erzeugt.

Solche Werte, wie die Stärke des Luftdrucks, die Dicke und Richtung des Luftstrahls, können verstellt werden.

Ein Förderband, welches über einem unter Vakuum stehenden Saugkasten läuft, verhindert ein Werfen der gestrichenen Papierbahn und leitet sie in den Trockenkanal.

Der Trockenkanal mit Papierrückführung ist mit Heißluft und Luftumwälzaggregaten ausgerüstet. Die Temperatur und Feuchtigkeit wird automatisch durch Thermostaten und Hygrometer gemessen und geregelt.

Unebenheiten und Schwankungen in der Dicke, wie sie in jeder Werkstoffbahn vorkommen, haben keinen Einfluß auf die Güte der Beschichtung. Nach der Trocknung bleibt eine völlig gleichmäßige, poren-, blasen- und knötchenfreie Schicht übrig.

Auf einer Doppelaufrollvorrichtung wird die fertige Werkstoffbahn aufgerollt. Die Arbeitsgeschwindigkeit richtet sich nach der Größe der Streichanlagen. Sie differiert zwischen 100 bis max. 300 m/min und ist stufenlos regelbar. Die Arbeitsbreiten betragen 600 bis 2400 mm für Papier und Karton von 50 bis 250 bzw. 600 g/qm.

Die Mannigfaltigkeit der Anwendungsmöglichkeiten zur Herstellung von Spezialpapieren ist erstaunlich. Auftrags- und Streichmaschinen, wie wir sie nach dem letzten technischen Stand auf der DRUPA zu sehen bekamen, eignen sich sowohl zum Auftragen von Farben (wässrige Anilinfarben, Streich-, Erd-, Pigment-, Gold- und Silberbronzefarben) für Kunstdruck-, Bunt-, Tapeten- und Bronzepapiere, als auch für Kunststoff-Dispersionen, thermoplastische Emulsionen (für Heiß-Siegelpapiere) plastische Filme und Imprägniermittel. Ebenso ist das Auftragen von Baryt für Fotopapiere und von Streichmassen zur Herstellung der jüngsten Korrosionsschutzpapiere möglich.

Somit haben sich infolge der durch das Luftbürsten-System erzielten Qualitäts- und Sortenverbesserungen auf breitester Grundlage entscheidende Veränderungen in der gegenwärtigen Produktion ergeben. Für die Zukunft eröffnen sich lohnende Perspektiven.

Es ist ein bemerkenswerter Weg, um den Forderungen der Papierveredlungs-Industrie nach erhöhter Produktion und verbesserter Qualität zu entsprechen.

Eine ganze Anzahl modernster Verpackungsbehälter verdankt diesem Verfahren seine Fertigung. Vorteil: Gegen äußere Einflüsse weitgehend unempfindlich, vielseitig verwendbar auf allen Gebieten des Wirtschaftens!

Neue Maschine für Labor-Großversuche zum Veredeln von Papieren

Der Einsatz gestrichener, imprägnierter oder mit Folien verschiedener Art kaschierter Papiere hat seit Kriegsende in gleichem Maße zugenommen, wie sich unser Werkstoff immer stärker zur Lösung der mannigfachen Verpackungsfragen angeboten und durchgesetzt hat. Laufend hat die chemische Industrie für die Papier- und Karton-Oberflächenveredlung neue Auftragsstoffe entwickelt, stets aber sind auch die Anforderungen gestiegen, die die Verbraucherkreise heute an beschichtetes und kaschiertes Material stellen. Um diese Anforderungen wirtschaftlich und auch technisch einwandfrei erfüllen zu können, bedarf es im Papierveredlungsbetrieb laufend der Überprüfung und des Versuchs, um festzustellen, welcher der zahlreichen, heute auf dem Markt befindlichen Stoffe diese Forderungen am günstigsten und ökonomischsten erfüllt.

Freilich vermag der einfache Handversuch auf alle diese Fragen keine schlüssige Antwort zu geben, denn weder die in der Praxis erforderlichen Auftragsmengen noch die Druckverhältnisse kann dieser auch nur annähernd nachahmen. Immer stärker erweist sich hier der Großversuch als unentbehrlich. Gewiß sollte in erster Linie das Interesse an der Durchführung solcher Versuche zunächst bei den Herstellern von Auftragstoffen und Kaschiermaterialien selbst — genannt seien hier nur Kunststoff-Dispersionen aller Art, thermoplastische Folien, Verpackungsstoffe usw. — liegen. Für die Praxis aber wirklich wertvolle Versuche können nur unter normalen Betriebsbedingungen durchgeführt werden, denn die Ergebnisse von Versuchen von Hand und mit mehr oder weniger primitiven Maschinen erlauben meist keine endgültigen exakten Schlüsse, um entweder das Auftragsmittel von der chemischen Seite her festzulegen oder aber die Verbraucherkreise verbindlich über das Veredlungsverfahren zu beraten. Zweifellos wird der Absatz bekannter und neuentwickelter Papierveredlungsmittel, Folien und kaschierter Materialien aller Art wesentlich gefördert, wenn die Erzeuger der Grundprodukte es übernehmen, die Abnehmer- und Verbraucherkreise nicht nur über die chemische Seite ihrer Erzeugnisse zu informieren, sondern ihnen darüber hinaus Auskunft über die besten Verarbeitungs- und Anwendungsmethoden zu geben.

Für die Erfüllung der gestellten umfangreichen Forderungen ist der Einsatz einer vielseitigen Laboratoriumsmaschine unerläßlich. Die Jagenberg-Werke Akt.-Ges. in Düsseldorf haben eine solche Maschine entwickelt (Tafel XII/2). Da diese Maschinenfabrik auf dem Gebiet der Veredlungstechnik durch Lieferung zahlreicher, in der Praxis bewährter Aggregate über einen reichen Erfahrungsschatz verfügt, kann man wohl mit Recht behaupten, daß die Aufgabe in hervorragender Weise gelöst wurde. Auch einige dieser Großversuchs-Maschinen sind bereits mit sehr guten Erfolgen in der Praxis eingesetzt.

Überaus mannigfaltig sind die Anwendungsgebiete dieser Maschine, über die nachstehende Zusammenstellung einen nur ganz losen Querschnitt vermitteln kann, ohne Anspruch zu erheben, diese restlos erschöpft zu haben.

1. Einseitiges Auftragen dickflüssiger und pastenförmiger Auftragmittel mittels Zweiwalzen-Auftragwerk mit oder ohne mechanischem Schaber (z. B. hochviskose Kunststoffe, Auftrag- und Imprägniermittel aller Art).
2. Einseitiges Auftragen und Imprägnieren von wässrigen, gut fließfähigen Dispersionen und anderen Auftrag- und Imprägniermitteln, wobei das Egalisieren der Auftragsmasse durch eine sogenannte Luftbürsten-Verstreicheinrichtung erfolgt.
3. Färben unter Verwendung von Anilin-, Wasser- und anderen geeigneten Farben, u. a. Streichfarben (Kaolin, China clay, Blanc fixe auf Dextrin-, Stärke- und Kunststoffleim-Basis).
4. Ein- und doppelseitiges Paraffinieren unter Verwendung von Wachs, Paraffin oder Mikrowachsen, Imprägnieren, Färben unter Verwendung von Anilinfarben.
5. Herstellung gummierter Erzeugnisse unter Verwendung von pflanzlichen, tierischen oder Kunststoff-Klebestoffen.
6. Kaschierarbeiten, z. B. Karton auf Karten, Papier auf Papier, Papier auf Karton oder Aluminium-Folie auf Karton oder Papier.
7. Kunststoff-Folie auf Karton oder Papier unter Verwendung von Kunststoffleim, tierischem Leim, Pflanzenleim oder thermoplastischer Emulsionen.

Hinsichtlich der Einsatzmöglichkeiten dieser Maschine hat man die verschiedensten Arbeitsverfahren berücksichtigt. Der Fachmann wird leicht erkennen, daß man bei der Konstruktion der Maschine den praktischen Belangen in weitesten Grenzen Rechnung getragen hat. Als wesentliches Merkmal sei noch herausgestellt, daß die Maschine sowohl mit einem in seiner Laufrichtung und Umfanggeschwindigkeit regelbaren Zweiwalzen-Auftragwerk, als auch mit Einwalzenwerk arbeiten kann. Die Walzen sind heizbar; Tauchwalzen ergänzen das Auftragssystem. Die Regelung der Auftragstärke der aufgebrachten Masse kann einmal durch Verstellung des Abstandes der Walzen zueinander, zum anderen durch einen (beheizbaren) mechanischen Rakel und durch Aufblasen von Heiß- und Kaltluft, die zwischen regulierbaren Luftdüsen einer Luftbürste stoßfrei austritt, erfolgen.

Zur Durchführung von Kaschierarbeiten sind verschiedenartige Friktions-Aufrollungen vorgesehen; der dampf- bzw. heißluftbeheizte, hartverchromte Trockenzylinder ist in beiden Laufrichtungen steuerbar.

Durch Aufblasen von Heißluft auf die sicher um den Zylinder geführte beschichtete bzw. kaschierte Materialbahn und durch Unterstützung der Trocknung durch gruppenweise schaltbare Infrarot-Dunkelstrahler wird bei verhältnismäßig kleinem Trockenweg (Zylinderdurchmesser 21 500 mm) eine für Laborationszwecke gute Leistung erzielt. Der Zylinder ist durch eine Haube mit oben angebrachter Dunstabsaugung gut isoliert.

Die Vielseitigkeit der Maschine kann durch Einbau von Glätt- und Prägewalzen noch weiter erhöht werden. Eine gute Auskühlung des veredelten Materials wird durch eine vor der Trockeneinrichtung angeordnete wasser- oder solegekühlte Walze erreicht. Ungeachtet dieser vielfältigen, mit der Maschine durchführbaren Arbeitsleistungen ist ihre Bedienung übersichtlich und zweckentsprechend.

Beschreibung der Universal-Auftragmaschine System Böttinger

Wir haben nur wenige Maschinenfabriken, die ganz besonders auf die Herstellung von Maschinen für die Papierveredelung eingerichtet sind und durch die Erfahrungen ihrer Konstrukteure allen Ansprüchen der verarbeitenden Industrie in jeder Weise entsprechen, sei es, daß sie in ihren Konstruktionen Wünsche und Anregungen der Abnehmer nach Möglichkeit berücksichtigen, in der Hauptsache aber sind es die genialen Erfinder und Konstrukteure, die es geradezu erfühlen, wie sie ihr Werk gestalten müssen, damit es rentabel und einwandfrei funktioniert, um allen berechtigten fachlichen Ansprüchen der Abnehmer an eine teure maschinelle Einrichtung zu genügen.

Über einen neuen Maschinentyp, der in der Praxis höchsten Anklang gefunden und eine vielseitige Verwendbarkeit erreicht hat, möchte ich nachstehend einen kurzen Hinweis bringen.

Die neue Universal-Auftragmaschine verfügt über ein Luftbürstensystem, das wie ein Wagen bei Nichtgebrauch abgefahren werden kann. Darüber hinaus über ein Kühlwalzensystem, bei Verarbeitung von thermoplastischen Massen und einer Trockenanlage, bestehend aus einem langen Trockenkanal mit Infrarotstation und einer Nachbehandlungszone durch einen heiz- und kühlbaren Zylinder, Längsschneider und Aufroll-Vorrichtung.

Die Seele dieses neuen Maschinentypes ist jedoch das Universal-Auftragwerk, das eine Beschichtung der Papier- und Kartonbahnen nach den verschiedensten Verfahren ermöglicht und außerdem das Kleben bis zu drei Bahnen sowie das Kaschieren von Papier, Karton- und Folienbahnen ohne weiteres zuläßt.

Ich lasse nunmehr eine kurze Beschreibung der Universal-Auftragmaschine System Böttinger folgen, soweit die Richtlinien von allgemeinem Interesse sind über die Vielseitigkeit der Verwendung zum Zwecke der Papierveredelung und über allgemeine wissenswerte Ausrüstungsfragen der Maschinen.

Die Auftragsmassen, die heute zur Veredelung von Papier, Karton, Folien usw., sei es zur Erzielung einer größeren Wasserdampfdichte, zur Erhöhung der Reißfestigkeit oder aber als Klebeschicht Verwendung finden, sind derart verschiedener Natur, daß eine einfache Auftragmaschine der früher gebräuchlichen Art nicht mehr genügt. Außerdem ist die heutige Zeit in der Entwicklung neuer Auftrags-, Imprägnier- und Klebemassen derart aktiv und vielseitig geworden, daß man nicht weiß, was morgen an derartigen Produkten auf den Markt gebracht wird. Der Betrieb, welcher sich heute mit der Papierveredelung befaßt, muß deshalb bei Neuanschaffung von Maschinen nicht nur dem „Heute", sondern auch dem „Morgen" Rechnung tragen. Maschinenanschaffungen sind immer mit mehr oder weniger großen Kapitalinvestierungen verbunden, Maschinen sind langlebige Wirtschaftsgüter. Es bedeutet daher für die Disponenten die Auswahl der richtigen Maschine eine riesige Verantwortung. In weiser Voraussicht der Dinge wird er den Vorzug nur solchen Maschinen geben, die nicht so leicht durch die Zeit überholt werden.

In Erkenntnis dieser Zusammenhänge wurde von der vorgenannten Firma eine *Auftragmaschine Type „UNIVERSAL UA I"* (Tafel X/3) geschaffen. Diese Maschine sichert auf Grund ihrer überragenden universellen Verwendbarkeit nicht nur eine höhere Ausnützung, sondern bietet auch dafür Gewähr, daß auf derselben die verschiedensten Auftragmassen mit unterschiedlichstem Charakter verarbeitet werden können. Die Eigenart des Auftragwerkes läßt eine ganze Anzahl verschiedener Auftragmethoden zu und gestattet damit eine weitgehende Anpassung an alle aufkommenden Wünsche aus der Praxis.

Die vorgenannte Auftragmaschine besteht im wesentlichen aus nachfolgenden Einzelheiten:

1. ein Universal-Auftragwerk, das die Einstellung der verschiedensten Auftrag-Streich- und Imprägniermethoden zuläßt, so daß Auftrag- und Imprägniermassen von verschiedenstem Charakter verarbeitet werden können,
2. eine Luftrakel-Egalisier-Einrichtung zur Erzielung einer gleichmäßigen Qualitätsbeschichtung,
3. eine Nachheiz- und Kühlstation für die Verarbeitung thermoplastischer Massen,
4. einen längeren Trockenkanal mit komb. Luft- und Infrarot-Trocknung,
5. eine Nachtrocknungs- und Kühlzone zur Erzielung eines hohen Oberflächenglanzes des Beschichtungsmaterials,
6. eine Klebestation,
7. eine Schneide- und Aufrollpartie,
8. druckknopfgesteuerter regelbarer Antrieb.

Auf der neuen Universal-Auftrag- und Beschichtungsmaschine sind beispielsweise nachfolgende Arbeitsgänge möglich:

1. einseitiger Auftrag von wässrigen Kunststoff-Dispersionen usw., Kunststoffmassen, zur Erhöhung der Wasserdampfdichte,
2. ein- und doppelseitiger Auftrag von Wachs- und Paraffin,
3. einseitiges Lackieren sowie Auftragen von Heißsiegellacken usw.,
4. einseitiger Auftrag von thermoplastischen Massen, wie Kautschukmassen, Bitumen usw.,
5. einseitiger Auftrag von Klebstoffen zur Herstellung gummierter Papiere usw.,
6. einseitiger Auftrag von Farben usw.,
7. Kaschieren einer Papier- oder Kartonbahn mit Folie auf Klebstoff- oder Kunstharzbasis,
8. Zusammenkleben von Papierbahnen und leichten Kartonbahnen auf Klebstoff- oder Kunstharzbasis,
9. Kaschieren von Papier- und Kartonbahnen mit Folienbahnen unter Verwendung von Heißsiegellack usw.
10. Zusammenkleben und Kaschieren von Papier- und Kartonbahnen mittels Mikrowachs usw.,
11. Kaschieren von Papier- und Kartonbahnen mittels Folienbahnen sowie das Zusammenkleben von Papier- und Kartonbahnen mittels thermoplastischer Massen wie Bitumen usw.,
12. ein- und mehrfarbiger Anilindruck bei gleichzeitigem Beschichten, Kleben oder Kaschieren in einem Arbeitsgang.

Dieser Typ verfügt über wertvolle maschinelle Eigenheiten, die aus begreiflichen Gründen nicht veröffentlicht werden können.

IX. Kapitel

Die Veredelung der Pappen durch Druck und Prägeausstattung

a) Gummidruckmaschinen

Unter den mannigfachen Arbeits- und Hilfsmaschinen haben sich die Walzendruckmaschinen mit elastischen Gummi-Walzen, oder, wie man kurz sagt, Gummidruckmaschinen, immer mehr eingebürgert. Dies mag einerseits in der verhältnismäßig großen Billigkeit, Anspruchslosigkeit an Bedienung, Raum und Fläche, andererseits in der hohen Leistungsfähigkeit bei geringem Kraftverbrauch zu suchen sein. Das Bestreben, auch dem Verpackungsmaterial — gleichgültig, ob es sich um Einwickelpapier, Schachteln, Kisten oder sonstwie geartete Kartons oder Emballagen handelt — ein zeitgemäßes, geschmackvolles und farbenfreudiges Äußeres zu geben, hat viel zur Verbreitung dieser Maschinen beigetragen.

Die Maschinen zur Veredelung der Pappen durch Druck werden in verschiedenen Modellen auf den Markt gebracht, und zwar hauptsächlich für Ein-, Zwei- und Dreifarbendruck, wobei der Druck entweder von Bogen oder von der Rolle erfolgt, mit einer dahingehenden Kombination, die es möglich macht, daß auf Wunsch eventuell für eine Bogendruckmaschine die An- und Abrollvorrichtung, für eine Rollendruckmaschine dagegen der Anlege- und Falltisch später nachgeliefert werden kann. Beide Arten haben das gemeinsam, daß sie mit drei hintereinandergelagerten Farbwalzen, der sogenannten Farbwalze, Übertragwalze und Farbauftragwalze, einer Gummidessinwalze und einer Gegendruckwalze ausgerüstet sind, während die Zweifarbendruckmaschinen natürlich die doppelte Anzahl Walzen und außerdem eine sogenannte Spritzwalze über der Farbwalze am zweiten Farbwerk angeordnet aufweisen. Unter der am äußersten Ende befindlichen Farbwalze befindet sich der Farbkasten, aus dem die flüssige Farbe der nächsten und von dieser wieder der dritten Farbwalze zugeführt wird, die die Farbe dann an die ihr vorgelagerte Dessinwalze abgibt, so daß sowohl die einzeln verstellbaren Farbwalzen als auch die Führungswalze so gegen die Dessinwalze bewegt werden können, daß eine Schiefstellung oder gar ein Verquetschen der Gummibezüge nicht befürchtet zu werden braucht. Auch das Auswechseln der

Dessinwalzen ist äußerst bequem und schnell zu bewerkstelligen, nicht minder das Herausnehmen der Farbwalzen infolge aufklappbarer Deckel ohne großen Zeitaufwand und besondere Geschicklichkeit auszuführen.

Die Walzeneinstellung ist je nach Fabrikat und Konstruktion der Maschine verschieden. Bei einer neuzeitlichen Type wird nur einmal von dem Monteur eingestellt und bei Gebrauch ein-, bei Nichtgebrauch abgestellt. Das ist eine wesentliche Erleichterung des Arbeitsvorganges.

Die Gummidessinwalzen reiben sich im Laufe der Jahre im Durchmesser ab, deshalb ist eine exzentrisch verstellbare Lagerung empfehlenswert.

Das Arbeiten mit diesen Maschinen geht nun in folgender Weise vor sich: man stellt die Farbwalzen sowie die Führungswalze durch die in den Lagersteinen der Walzen angebrachten Stellschrauben so ein, daß zwischen den Walzen nur noch Platz für eine Papierstärke verbleibt, danach gießt man die Farbe in den Farbtrog, bringt ihn mittels Hebel in die richtige Höhenlage und setzt nun erst die Maschine in Gang, wobei man die drei Farbwalzen mittels der schon erwähnten Stellschrauben in der Weise reguliert, daß die Farbe überall gleichmäßig auf den Walzen sich verteilt. Hat man dann schließlich noch die Druckeinstellung zwischen Führung und Dessinwalze so vorgenommen, daß die auf beiden Seiten befindlichen Exzenter in ihrer Höhenstellung gerade den richtigen Druck zwischen Führungs- und Dessinwalze ergeben, kann mit der Bogendruckmaschine zu arbeiten begonnen werden, während es dazu bei der Rollendruckmaschine erst noch einiger weiterer Vorbereitungen bedarf, die in erster Linie darauf hinauslaufen, daß das Papier von der abzuwickelnden Rolle über die Spannwalzen zwischen Führungs- und Dessinwalze bis zur Aufwickelhülse geführt, dort gestrafft und gerade gerichtet wird.

Bei Außerbetriebsetzung sind sofort die Führungswalze von der Dessinwalze sowie die drei Farbauftragwalzen voneinander abzurücken. Das Reinhalten der Walzen bei Verwendung verschiedener Farben ist eine Hauptbedingung für das gute Funktionieren einer Walzendruckmaschine. Bei etwaigem Farbwechsel müssen Dessinwalzen sowohl als auch Farbwalzen abgewaschen werden. Da heißes Wasser den Gummi rissig macht, empfiehlt sich handwarmes Wasser mit etwas Lösungsmittel (Spiritus oder Ätznatron) zu verwenden. Bei der Maschine der Firma Liebe wird das Waschen automatisch in der Maschine vorgenommen, nachdem die Farbe abgelassen ist. Bei dieser vorgenannten Maschine liegen die Walzen übereinander.

Des weiteren ist die Dessinwalze, falls sich durch längere Benutzung oder Stillstand Farbe in die Vertiefungen des Musters eingesetzt haben, in gleicher Weise mittels einer Bürste zu reinigen. Unter keinen Umständen dürfen die Dessin- und Farbwalzen mit Benzin, Terpentinöl oder sonstigen ölhaltigen Flüssigkeiten in Berührung kommen, da hierdurch der Gummi leiden und verquellen würde.

Überhaupt sind sie während des Stillstandes durch Zurückdrehen der Griffschrauben auseinanderzustellen, damit kein unnötiger Druck auf ihnen lastet, wodurch sie nur unrund werden.

Bogen- und Rollendruckmaschinen sind für Hand- und Motorbetrieb eingerichtet, in letzterem Falle beansprucht die Maschine keine besondere Person zur Wartung und Bedienung, da nur eine zeitweilige Beaufsichtigung und das Einlegen der zu bedruckenden und das Abnehmen der fertig bedruckten Rollen sich als notwendig erweist, so daß eine Person mehrere Maschinen zu bedienen vermag. Der Kraftbedarf für eine Bogendruckmaschine von 1050 mm Arbeitsbreite beträgt 1 PS, für eine Zweifarbendruckmaschine 2½ PS, die Tourenzahl in ersterem Falle 120, in letzterem 100 bis 110 pro Minute. Die Leistung einer Rollendruckmaschine belief sich früher pro Stunde auf 1800 m, doch ist diese durch entsprechende Verstärkungen der Maschine neuerdings auf 4000 bis 4500 m gesteigert worden, während eine Bogendruckmaschine in gleicher Zeit 850 bis 1200 Bogen schafft. Das gleiche Ergebnis erzielt man mit einer Zweifarben-Walzendruckmaschine. An Raum erfordert eine Bogendruckmaschine von 1000 mm Arbeitsbreite 2,20×1,70 m, eine Rollendruckmaschine der gleichen Abmessung 2,90×1,70 m und eine Zweifarbendruckmaschine 3,20×1,90 m.

Außer in der beschriebenen gewöhnlichen Konstruktion wird die Bogendruckmaschine auch in einer verstärkten Konstruktion gebaut, wobei die drei Farbwalzen und Dessinwalzen nicht hintereinander in einer Ebene gelagert, sondern übereinander angeordnet sind, durch welchen Umstand vor allem ein Betropfen der Bogen auf den Rückseiten verhindert wird.

Was die Ausführung der Dreifarbendruckmaschine anbelangt, so ist dabei vertikale Anordnung der einzelnen Walzenpartien vorgesehen, deren jede mit drei kompletten Farbwerken, bestehend aus je vier Farbauftrag- und Verreibewalzen, sowie je einer Dessinwalze zur Hervorbringung des gewünschten Musters ausgestattet ist.

Zum Unifärben aller Arten von Papier, Pappen, Kartons usw. bediente man sich bisher sogenannter Spezialfärbemaschinen, doch kann diese Arbeit auch auf einer der vorerwähnten Bogen- bzw. Rollendruckmaschinen ausgeführt werden, wenn an geeigneter Stelle Vorkehrungen zur Beseitigung der überschüssigen Farbe getroffen und die Dessinwalzen gegen glatte Farbwalzen ersetzt werden. Die Färbewalzen haben jedoch einen bedeutend größeren Durchmesser, der sich der Bogengröße anpaßt. Auf diese Weise gelingt es ohne weiteres, das Färben schon bei einmaligem Durchgang in gleichmäßig einwandfreier Weise auszuführen. Das Bedrucken und Färben der Papier- und Pappbogen erfolgt mittels wasser- oder spiritusähnlicher Anilinfarben, über deren Zusammenstellung dem Interessenten beim Kauf einer Maschine Anweisungen zum Gebrauch überlassen werden.

Unter den vielen anderen Vorzügen, wodurch sich die Walzendruckmaschinen auszeichnen, verdient nicht zuletzt die Dauerhaftigkeit der Gummidessinwalzen hervorgehoben zu werden, die bei sachgemäßer Behandlung die viel teueren geätzten oder galvanisch erzeugten Metallwalzen weit übertreffen, dabei aber immer noch die Möglichkeit des billigen Ersatzes eines Musters durch Auflegen einer neuen Dessinplatte zulassen, wenn dasselbe veraltet, unmodern oder sonstwie während des Betriebes beschädigt worden sein sollte.

Da vielfach auch schmälere Muster gedruckt werden sollen, in welchen Fällen sich die Anschaffung einer Gummidessinwalze in der ganzen Breite der Maschine nicht lohnen oder zu kostspielig stellen dürfte, möge hier noch darauf hingewiesen sein, daß es sich in solchen Fällen empfiehlt, sich durchgehend genutete Spindeln oder Wellen mit zu den Lagern passenden Zapfen anzuschaffen, auf die sich dann schmälere Rollen in den Ausmaßen der Muster aufstecken und durch Keile befestigen lassen. Auf diese Weise ist es möglich, durch Kombinationen und Zwischenschaltung glatter Gummirollen eine Menge der verschiedensten Dessins ohne erhebliche Kosten zu erzeugen.

Jedenfalls sind auch damit die Verwendungsmöglichkeiten von Walzendruckmaschinen noch lange nicht erschöpft, vielmehr bietet sich hier dem Konstrukteur sowohl als dem Fabrikanten noch ein ausgiebiges Feld für die Ausnutzung dieser so überaus praktischen Maschinen auf dem Gebiete der Pappen- und Papierverarbeitung.

b) Die Vierfarben-Pappendruckmaschinen

Mit solchen Maschinen können ein bis vier Farben nach Wahl in einem Arbeitsgang gedruckt oder mit dem ersten Farbwerk ganzflächig gefärbt und mit weiteren Farbwerken gemustert oder gedruckt werden. Die Färbung ist auch hier sehr intensiv zu erzielen. —

Das Kaschieren von Pappen oder Kartonbogen ist durch direktes Färben oder Bedrucken in vielen Fällen überflüssig geworden, wodurch eine erhebliche Verbilligung der Pappenveredelung erzielt wird. — Auch werden bedruckte oder gefärbte und bedruckte Kartons den überzogenen Schachteln oft vorgezogen, weil sie prompt lieferbar und ebenfalls billiger sind.

Welchen Zwecken die Pappen auch dienen mögen, ob für Kisten, Papp- oder Faltschachteln, Hutschachteln und neuerdings auch in größerem Umfange Wellpappenkartons aller Art, hat für die Veredlung kaum mehr Bedeutung. Es ist wichtig zu wissen, daß Kartonbogen nicht dünner als 0,3 mm sein dürfen, weil, zumal bei älteren Maschinen, bei denen die Lager nicht mehr einwandfrei sind, die Gefahr des Abschmierens besteht, weil sich die Dessin- mit der Gegendruckwalze in solchen Fällen berühren könnte.

Wird noch dünnerer Karton oder sogar Packpapier oder Einwickelpapier ebenfalls bedruckt, neben dem Bogen-Drucken von Pappen oder Kartons, so wurde kürzlich von einer Fabrik eine kombinierte Maschine geschaffen, die sich bestens bewährt und die man wahlweise sowohl für Bogendruck für Stärken bis 5 mm Dicke benutzen kann, als auch für Rollendruck mit Schneide- und Wiederaufwickelvorrichtung, evtl. gleichzeitig mit Vorder- und Rückseitendruck, wodurch die ständige Ausnutzung derselben gewährleistet und ein weiteres Absatzgebiet erschlossen wird. — Von der Rolle kann auch stärkeres Material bedruckt werden, wenn es nicht zu dick ist. Man kann bei Rollendruck solcher Universalmaschine vielleicht eine Norm von 20 bis 800 g/qm annehmen. — Bogen können auch bei Sondermaschinen in beliebig dicken Abmessungen gedruckt oder gefärbt werden, wenn dies bei der Bestellung der Maschine angegeben wird. — Zum Färben der Bogen über die ganze Fläche muß die Maschine von der Fabrik aus dafür eingerichtet werden. Es erscheint, wenigstens bei Bogendruck oder beim Bogen-Färben, unerläßlich, den Durchmesser der Auftragwalze dem Bogenformat anzupassen, andernfalls würden Streifen in der Fläche erscheinen. Beim Färben von der Rolle hat dieses eine geringere Bedeutung. Zum Färben nimmt man weichere Gummiwalzen mit einer Härte von 40 Grad Shore. —

Je nach der Oberflächenbeschaffenheit der Kartenbogen kann man Ansprüche an die Feinheit stellen. Beim Dessindrucken ist dies, zumal bei Dessins mit dünneren Konturen, von geringerer Bedeutung, da sich der Gummi der Dessinwalzen evtl. Unebenheiten des Materials sehr gut anpaßt. Kommen jedoch Dessins mit Flächen in Frage oder will man ganze Bogen der Rollen ganz färben, wird man auf Kartons oder Pappen mit glatter Oberfläche stets den besten Effekt bei niedrigstem Farbverbrauch erzielen. Rauhe Oberflächen verbrauchen mehr Farbe. — Hat man schwierige Oberflächen, kann man mit zwei Farbwerken hintereinander färben, ob es sich finanziell tragen läßt, muß von Fall zu Fall entschieden werden. —

Für das Bedrucken wird meistens wasser- oder spritlösliche Anilinfarbe verwandt. Die Farben sind sofort nach dem Verlassen der Druckmaschine getrocknet, so daß es der Anordnung einer besonderen Trockenvorrichtung nicht bedarf. Die in der Maschine befindlichen Gummiwalzen sind mit einer Ia Gummiqualität ohne Beimengung von Regeneraten bezogen, wodurch auch eine lange Haltbarkeit der Walzen gewährleistet ist.

Für die Verarbeitung von Pigmentfarben empfiehlt sich die Ausstattung der Farbwerke mit Rasterwalzen, sowie die Ausrüstung der Maschine mit Kettenauslage und Infrarot-Trockeneinrichtung.

Zur Erzielung von besonderen Druckeffekten kann man auch bei einem Farbwerk eine Doublier-Druckeinrichtung vorsehen.

c) Das Pappen-Prägewalzwerk

Die mit Maschinen geprägten Pappen finden in der Pappenverarbeitung immer mehr Eingang, insbesondere für die moderne Kartonagenindustrie, da aus solchen hergestellte Packungen sehr vornehm wirken, während andererseits das Gaufrieren den Preis der Pappen nur ganz unwesentlich erhöht, denn die Maschine kann mindestens 600 Bogen in der Stunde prägen. Vielfach wird die Maschine auch zum Einprägen von Fabrikmarken in Pappen benutzt.

Dem Durchmesser der Dessinwalze entsprechende Zahnräder, die sogenannten Rapporträder, sind dann erforderlich, wenn das Dessin der gravierten Stahlwalze durchgeprägt wird, d. h. auch auf der Rückseite des zu prägenden Pappen- oder Kartonbogens erscheinen soll. In diesem Falle ist auch zu jedem wechselnden Gravurdessin, also zu jeder verschieden gravierten Stahlwalze, eine besondere Papierwalze erforderlich, in welch letztere das Gegenstück zur Gravur, also gewissermaßen die Matrize, eingewalzt wird. Für grainierte Pappen, also solche, bei denen die Prägung nur auf einer Seite des Materials zu erscheinen hat, genügt aber eine einzige Papierwalze, auch bei Verwendung mehrerer gravierter Dessinwalzen, da erstere dann ja glatt ist.

Die Maschine ist der von ihr zu leistenden Arbeit entsprechend in allen Teilen kräftig erbaut, wirkt mit kombiniertem Spindel- und Hebeldruck und liefert daher scharf ausgeführte Prägungen. Der Druck der Walzen kann durch die Gewichte leicht und schnell reguliert werden. Da die Ständer nach vorn offen sind, geht auch das Auswechseln der Walzen überaus rasch vonstatten. Für Bogengaufrage eingerichtet, ist die Maschine mit Vorder- und Hintertisch ausgestattet, für Rollen- und Bogenauftrag außerdem mit Vorrichtung zum faltenlosen Durchführen des Papiers.

In vielen Fällen ist es vorteilhaft, die Stahlwalzen zu heizen, und zwar kann dies mit Gas oder Dampf geschehen.

Es gibt an Rillmaschinen auch gravierte Rollen, um während des Rillens an anderer Stelle Firmenzeichen einzuprägen.

Das Prägen und Stanzen der Pappe sowie ihre Veredelung durch koloristische Hilfsmittel

Unter den Pappe verarbeitenden Gewerbezweigen nimmt die Prägerei und die damit verbundene Stanzerei der Pappe insofern eine gewisse Ausnahmestellung ein, als hier mittels mechanischer Bearbeitung eine unmittelbare Veredlung der Pappe vor sich geht. Außerdem aber kann die Pappe als Nachahmungsmöglichkeiten von Leder, Holz u. a. hergerichtet werden.

Obwohl das Kunstgewerbe solche Nachahmungstriebe verpönt und mit der Begründung gern beschneiden möchte, daß bei gewerblichen Gegenständen auch die stoffliche Wirkung — demnach also hier die der Pappe — zum Ausdruck kommen müsse, so ist die Prägerei der Pappe aber gerade dadurch groß geworden, daß sie recht vielerlei und verschiedenartige Wirkungen aus dem Material, einschließlich der Zutaten, für ihre Erzeugung herausholte.

Eines ihrer Haupterzeugnisse war die bekannte Reklamewandtasche, die auch im Auslande große Verbreitung gefunden hatte. In diesen meist farbig gespritzten Wandtaschen wurden jedes Jahr eine beträchtliche Anzahl von Neuheiten herausgebracht, die vorwiegend durch den Großhandel vertrieben und durch Anbringung von Reklameaufdrucken in den Dienst der Kundenwerbung gestellt wurden. Die Entwürfe zu diesen Neuheiten wurden zugunsten allgemeiner Verbreitung auch im Ausfuhrhandel möglichst neutral gehalten.

Die Gründe, die gerade dieser Reklamewandtasche zu ihrer großen Verbreitung verholfen haben, waren außer dem billigen Preise, die große Reklamewirksamkeit, die ihr dadurch innewohnte, daß sie bestimmt war, dem Auge frei zugänglich, an die Wand gehängt zu werden; schließlich lag ihr Vorteil auch in der flachen Versendbarkeit.

Bei dem vorhandenen großen Bedarf, der mit zugkräftigen Neuerscheinungen solcher Reklamestücke hervorgerufen werden kann, hatte man schon versucht, auch andere Bedarfsgegenstände zu stanzen und zu prägen als kleine Wandkonsols, Schlüsselbrettchen, Spruchbretter mit Nachahmungen von Holzbrandmalerei, Bürstenhalter, Taschenuhrhalter, Federhaltergestelle, Besuchskartenschalen usw., obwohl durch keinen dieser Gegenstände die Wandtasche ersetzt werden konnte. Die Verwendbarkeit der verschiedensten Kunststoffe und ihre Verarbeitung zu Erzeugnissen des täglichen Bedarfs haben die Pappe nach und nach verdrängt.

Gewiß könnte die Papp-Prägerei noch manches Zweckmäßige und praktisch Brauchbare herausbringen, als beispielsweise zusammenlegbare Frühstückskörbchen, Briefkörbe zum Herumreichen der eingehenden Post im Kontor, zusammenlegbare Näh- und Handarbeitskörbchen, die sich preislich einreihen, auch gut für Reklamezwecke in den Dienst der Kundenwerbung stellen lassen könnten.

Der pappgeprägte Fotografierahmen ist veraltet und dürfte noch allgemein bekannt sein, nichtsdestoweniger aber könnten damit auch verkäufliche Neuheiten hergestellt werden.

Das erhaben geprägte Blechplakat kann die Papp-Prägerei mit ihren Hilfsmitteln ohne weiteres nachahmen, nicht nur in Hinsicht auf die Reliefpressung und die farbige Behandlung, sondern die Pappe läßt sich auch wasserdicht herrichten.

Für den Zimmerschmuck lieferte die Papp-Prägerei einstmals jene Behänge an die Oberfenster, die man Lambrequin nannte, und ferner auch die geprägten Abschlußborten für den oberen Tapetenrand der Zimmer.

Die Papp-Prägerei bringt auch geschützte Einlegesohlen auf den Markt mit besonders kräftig gewölbten Querrippen und einer ebenso gewölbten Umfassungsborte, wodurch eine gute Haltbarkeit solcher Pappsohlen erzielt wird.

Schließlich muß noch besonders hervorgehoben werden, daß die Papp-Prägerei und -Stanzerei in hervorragendem Maße befähigt ist, öffentliche und private Festlichkeiten durch Lieferung passender Ziermittel schmücken zu helfen, etwa in Gestalt von Wappen, heraldischen Wappentieren oder verwandten Schmuckstücken, die dann noch mit Zweigen oder Blumen hinterlegt werden können.

In jedem Jahre erscheinen beispielsweise als sehr beliebte Weihnachtsartikel praktische Neuheiten, nämlich aus Pappe geprägte, einfache weiße, zuweilen auch mit bunten Bildern geschmückte preiswerte, zu kurzer Zweckbestimmung gedachte Weihnachtsteller, die in einer Zeit, in der das Geschirr aus Porzellan immer noch teuer ist, besonders zeitgemäß erscheinen, weil auch unter dem bescheidensten Christbaum ein bunter Teller mit Äpfeln, Nüssen und Gebäck stehen sollen.

Da die Pappe besonders zu geprägten Kalenderrückwänden und vor allem zu Wandtaschen nicht roh bleiben kann, weil das Bild, das durch die Reliefprägung geschaffen ist, die äußere Ansicht des Erzeugnisses, sehr wenig wirkungsvoll wäre, so muß zur Veredelung und dekorativen Ausstattung zu äußeren Mitteln gegriffen werden, um die Wirkung zu heben und damit eine gewisse Gewähr für die Absatzfähigkeit zu schaffen.

Das Mittel hierzu ist die koloristische Ausstattung. Hand- und Schablonenkolorit sind in ihren Anwendungsformen hierfür praktisch ungeeignet, zumal sie ihre Hauptwirksamkeit besitzen durch die farbige Ausstattung ebener Flächen als ein Ersatz künstlerischer Malwirkungen.

Für geprägte und besonders sehr hohe Reliefprägungen kommt ausnahmslos die Farbspritztechnik in Anwendung, zuweilen auch unter Benutzung der Beglimmerung. Im allgemeinen wird aber die Farbspritzung unter Verwendung mehrerer Farben zur Erreichung der gewünschten Wirkung völlig genügen.

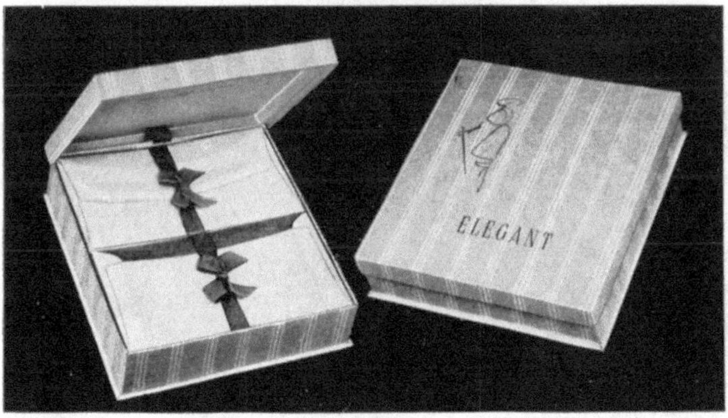

Geschenkkassetten für Briefpapiere erfreuen das Auge des Beschenkten. Die Abbildungen zeigen Erzeugnisse der Papierausstattungs-Fabrik Eugen Lemppenau, Stuttgart

Tafel II

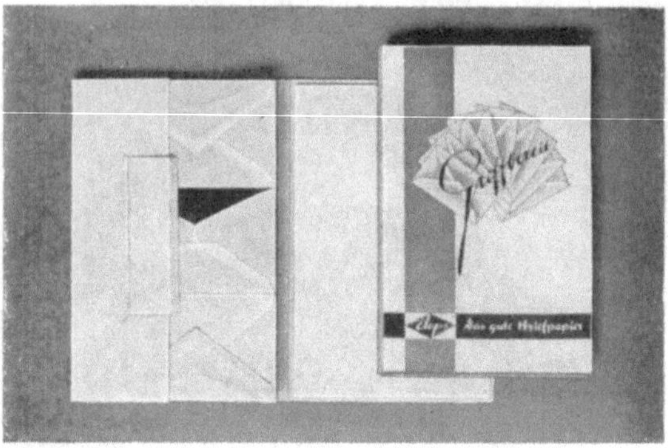

Die hier abgebildeten Briefmappen sind Erzeugnisse der Fa. Eugen Lemppenau, Stuttgart

Tafel III

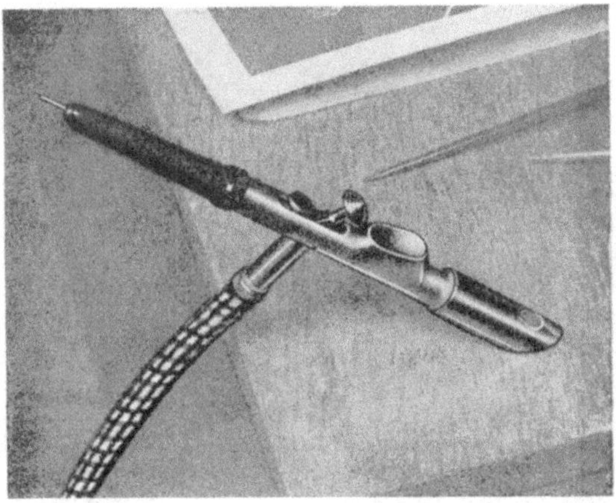

Abb. 1. Praktischer Halter für den Spritzapparat

Abb. 2. Kleinstkompressor-Elektrodruckluftanlage

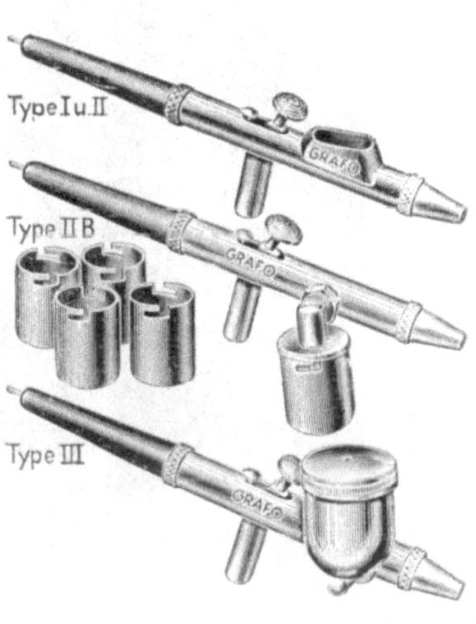

Abb. 3. Spritzgeräte verschiedener Düsenbohrung. Das mittlere verfügt über 5 auswechselbare Farbnäpfchen (Grafo)

Die drei Abbildungen zeigen Erzeugnisse der Fa. Grafo-Feinmechanik Emil Brauer, Kronberg/Taunus

Tafel IV

Klein-Stahlstich-Prägepresse „Gnom" der Firma Friedrich Heim & Co., Maschinenfabrik, Offenbach am Main. Diese Maschine, Gravurplattengröße 140 × 80 mm, färbt, wischt und prägt an der Originalplatte in einem Arbeitsgang bei einer Leistung von etwa 1600 Drucken in der Stunde. Verwendung: Glückwunschkartenindustrie, sowie alle in das Prägeformat passenden Stahlstich-Drucksachen

Siehe nebenstehenden Text. Rückansicht der Maschine

Tafel VI

Stahlstich-Prägepresse Type CAU, 23 × 14 cm, für Obendruck von der Fa. Friedrich Heim & Co., Offenbach a. Main

Die Maschine findet vorzugsweise Verwendung zur Herstellung von hochwertigen Drucken, wie Briefköpfen, Briefumschlägen, Papierausstattungen, Geschäftskarten, Glückwunschkarten, Anzeigen, Katalogdecken u.a.m.

Tafel VII

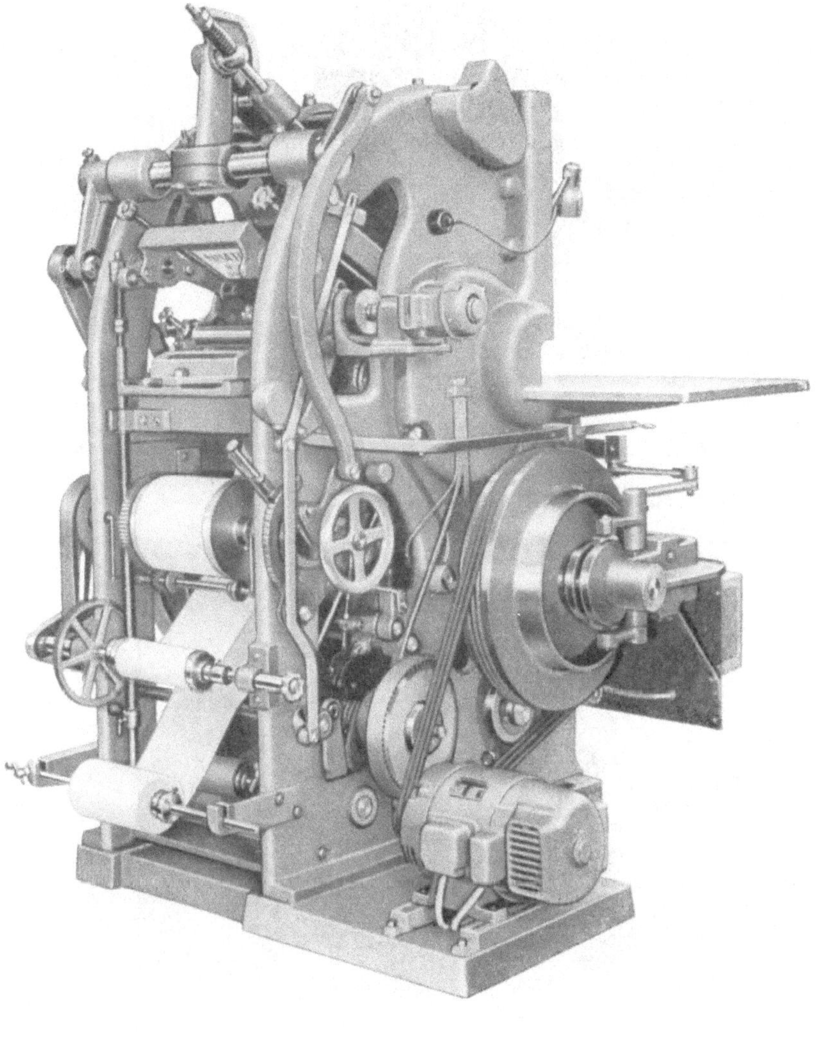

Siehe nebenstehenden Text. Rückansicht der Maschine

Tafel VIII

Abb. 1. Plattenprägewerk. Im Hintergrund der Beschickungstisch, vorn der Auslauftisch

Abb. 2. Zweiwalzen-Prägekalander normaler Bauart. Die obere Walze ist eine Stahlwalze, die untere eine elastische Papierwalze. Die gezeigten Maschinen sind Erzeugnisse der Fa. Johann Kleinewefers Söhne, Maschinenfabrik, Krefeld

Abb. 1. Dreiwalzen-Kalander zur Erzeugung von Transparent- und Flachprägungen. Oben befindet sich die meist heizbare gravierte Stahlwalze in der Mitte die elastische Papierwalze, darunter noch eine glatte Stahlwalze

Abb. 2. Zweiwalzen Kalander mit zwei Papierwalzen für Echtleinen-Prägung. Die gezeigten Maschinen sind Erzeugnisse der Fa. Johann Kleinewefers Söhne, Maschinenfabrik, Krefeld

Tafel X

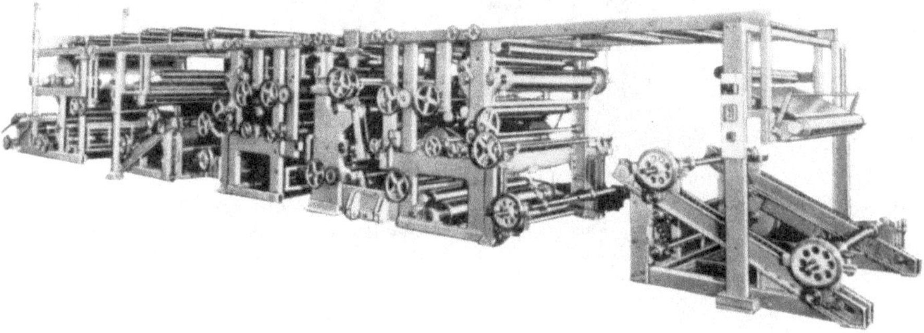

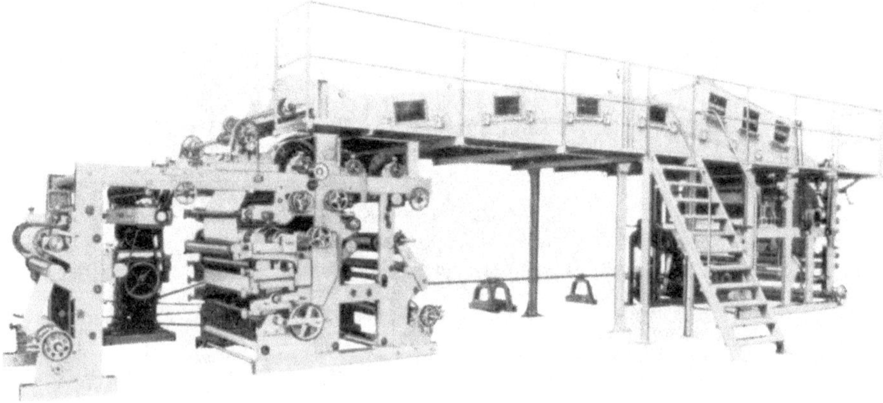

Abb. 3. Universal UA I zum: Beschichten, Imprägnieren, Kleben, Kaschieren usw. mit Kunststoffdispersionen u.a.m.

Die hier gezeigten Maschinen sind Erzeugnisse der Firma Georg Böttinger, Dossenheim-Heidelberg

Abb. 1. Streich-, Färb- und Auftragmaschine mit Luftbürsten-Verstreicheinrichtung (Werkphoto der Jagenberg-Werke Akt.-Ges., Düsseldorf)

Abb. 2. Luftbürsten-Streichanlage mit Hochleistungs-Trockenkanal ca. 42 m lang (Werkphoto der Jagenberg-Werke Akt.-Ges., Düsseldorf)

Tafel XII

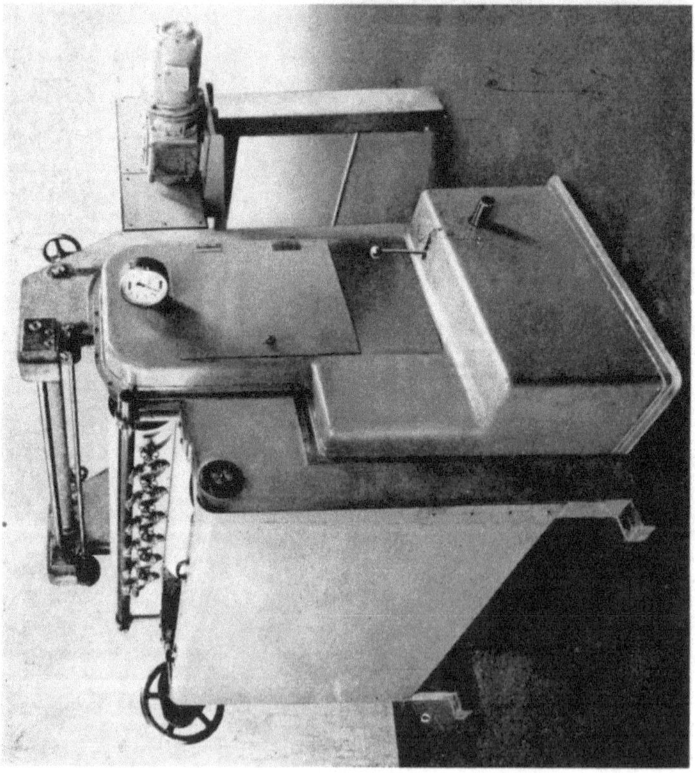

Abb. 1. Glättwalzen-Streichmaschine zur Herstellung doppelseitig gestrichener Papiere
(Werkphoto der Jagenberg-Werke Akt.-Ges., Düsseldorf)

Abb. 2. Rollen-Auftrag-, Imprägnier- und Kaschiermaschine für Laboratoriumszwecke (Werkphoto der Jagenberg-Werke Akt.-Ges., Düsseldorf)

Anzeigen

K+E
HOCHGLANZFARBEN
werben und wirken
KAST&EHINGER GMBH STUTTGART-FEUERBACH
Gedruckt mit Hochglanzfarben: Rot 12064, Grün 63859, Schwarz 867 N

FSC
www.fsc.org
MIX
Papier | Fördert gute Waldnutzung
FSC® C083411

Kolibri 360 GmbH
Ferdinand-Jühlke-Straße 7
99095 Erfurt, Deutschland
produktsicherheit@kolibri360.de